U0247981

知识进化
图解系列

太喜欢探秘人体了②

[日]坂井建雄 编

佟凡 译

天津出版传媒集团

天津科学技术出版社

著作权合同登记号：图字02-2022-175号

图书在版编目（CIP）数据

知识进化图解系列. 太喜欢探秘人体了. 2 / (日)
坂井建雄编 ; 佟凡译. –– 天津 : 天津科学技术出版社,
2022.9

ISBN 978-7-5742-0369-3

Ⅰ.①知… Ⅱ.①坂… ②佟… Ⅲ.①自然科学－青
少年读物②人体－青少年读物 Ⅳ.①N49②R32-49

中国版本图书馆CIP数据核字（2022）第130486号

知识进化图解系列. 太喜欢探秘人体了.2
ZHISHI JINHUA TUJIE XILIE. TAI XIHUAN TANMI RENTI LE. 2

责任编辑：孟祥刚
责任印制：兰　毅

出　　版：天津出版传媒集团
　　　　　天津科学技术出版社

地　　址：天津市西康路35号
邮　　编：300051
电　　话：（022）23332490
网　　址：www.tjkjcbs.com.cn
发　　行：新华书店经销
印　　刷：三河市金元印装有限公司

开本 880×1230　1/32　印张 4.125　字数 91 000
2022年9月第1版第1次印刷
定价：39.80元

我们在每天的日常生活中经常用到的、最重要的东西是什么呢？就是我们的身体。

身体明明是每个人最亲近、最重要的东西，我们却并不了解它，不知道我们的身体中蕴藏着很多意想不到的神奇现象。

其实，在最前沿的研究领域，医学专家都会为每次的新发现感到震惊。类似的情况还有很多，像最近新出现的新冠肺炎病毒这样的病毒，我们并不知道它会对人体造成什么样的影响，带来什么样的疾病。

经历从 2020 年开始的新冠疫情后，我们切身体会到了人类对医学和医疗系统的依赖。今后，相信会有很多年轻人希望投身医学和医疗事业。而学医或学习做医疗工作，最先要接触的就是"解剖学"，学习人体构造。人体构造非常复杂，所有部位都有详细的名称，或许有人会觉得有点麻烦。

在很长一段时间里，我负责给医学生和其他从事医疗工作的学生们教授解剖学，努力告诉他们人体有多么神奇、多么有趣。我的学生们在学习解剖学的过程中获得了很多乐趣，我编写的解剖学教科书则被众多学生使用。

最近，我编写了面向普通人的人体解剖学书籍，我能够感觉到，与医疗工作无关的人们也正在对解剖学产生兴趣。特别是注重身体健康的人开始流行健身，使得一部分肌肉和骨骼名称广为人知。

　　本书选取了人体解剖学中非常有趣的内容向大家介绍，并配有很多与内容契合的有趣插图。

　　如果各位因为解剖学太有趣而睡不着觉，敬请原谅。

坂井建雄

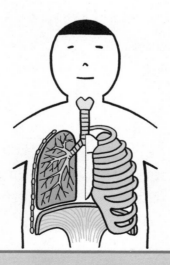

第1章 身体组织和结构之谜

第2章 呼吸与循环之谜

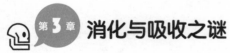

第3章 消化与吸收之谜

第4章 心脏与感觉之谜

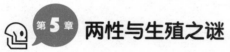

第5章 两性与生殖之谜

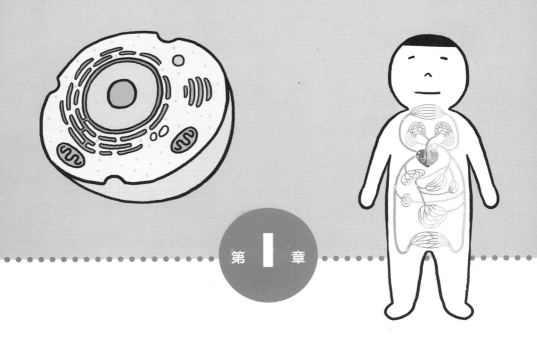

第 1 章

身体组织和结构之谜

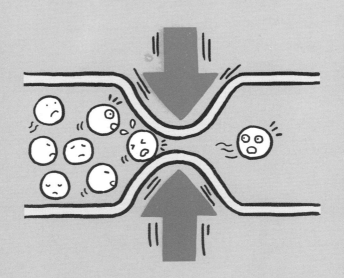

1

人的身上一共有多少块骨头？

▶▶婴儿有300块左右，成人有200块左右。

✚ 成年人的骨头数量存在个体差异

成年人的身体大约由200块骨头组成。孩子的骨头数量比成年人多，刚出生的婴儿，包括软骨在内，能达到300块左右。

之所以人长大后骨头的数量会减少，是因为随着身体长大，骨头与骨头之间的缝隙逐渐消失，多块骨头会长成一块。每个人的骨头连接方式并不相同，成年人的标准骨头数是206块，存在个体差异。

✚ 骨头的作用是支撑人体，保护重要部位

200多块骨头经过复杂的组合与连接形成了骨骼。一副骨骼由大小不同、形状各异的骨头组成，软骨同样是组成骨骼的一部分。

人体中最大最强壮的骨头是大腿处的大腿骨。与之相对，最小的骨头是耳朵里的三块听小骨（详见第88页），为了让我们听到声音，听小骨形成了复杂的形状。

骨头最大的作用有两个。**第一个作用是支撑人体。**如果没有骨头，我们甚至无法站立；如果没有连接骨头的关节，身体就无法弯曲伸展，甚至完全动不了。

骨头的**第二个作用是保护人体中重要的部位。**坚硬结实的头盖骨可以牢牢保护住大脑，肋骨的结构类似鸟笼，正好护住心脏和肺等脏器。

构成骨骼的主要骨头

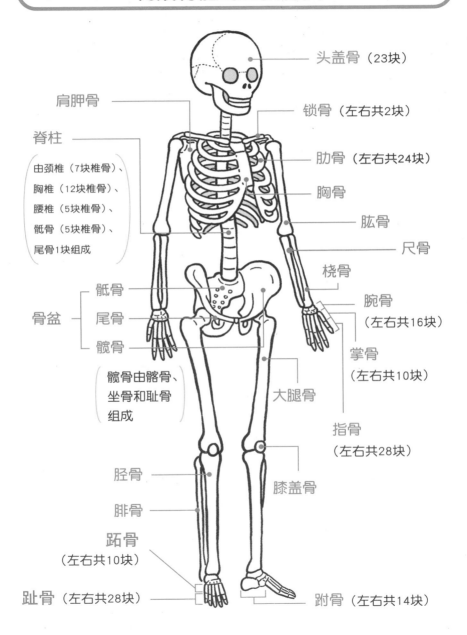

头盖骨（23块）

肩胛骨

锁骨（左右共2块）

脊柱

肋骨（左右共24块）

由颈椎（7块椎骨）、
胸椎（12块椎骨）、
腰椎（5块椎骨）、
骶骨（5块椎骨）、
尾骨1块组成

胸骨

肱骨

尺骨

桡骨

骶骨

尾骨

髋骨

骨盆

腕骨
（左右共16块）

掌骨
（左右共10块）

髋骨由髂骨、
坐骨和耻骨
组成

大腿骨

指骨
（左右共28块）

胫骨

膝盖骨

腓骨

跗骨
（左右共10块）

趾骨（左右共28块）

跗骨（左右共14块）

人的身上有多少个关节?

▶▶ 人体内大约有260个关节。

✚ 人体关节每天大约要活动10万次

连接骨头与骨头的是关节,比如肩关节、膝关节、踝关节、指节等,人体一共有大约 260 个关节。

关节的作用是让身体顺畅地活动。 走路、下蹲、抓取物体等日常动作,都是通过活动关节来完成的。无论骨头与肌肉多么结实,如果没有关节,身体就没办法随心所欲地动起来。

人每天大约要活动 10 万次关节,好在关节结构结实,经得住如此高强度的使用。关节上覆盖着韧带和一层薄膜,薄膜内侧充满滑液,作用是让关节顺滑地活动。面向关节的骨头表面是富有弹性的软骨,滑液与软骨能够避免骨头之间相互摩擦,从而保护关节。

✚ 种类、形状、活动方式各不相同

人体的关节有各种各样的形状,有能够前后、上下、左右活动的球窝关节,比如肩关节、股关节;有形状像铰链,能够弯曲伸展的滑车关节,比如肘关节、膝关节等。

大拇指根部的鞍状关节虽然不像球窝关节那么灵活,不过也能够在较大的范围内自由活动。脖子等处的车轴关节的结构则便于我们环视左右。还有手腕等处的椭圆关节,能做出横向或前后方向的细致动作。

人体主要关节种类

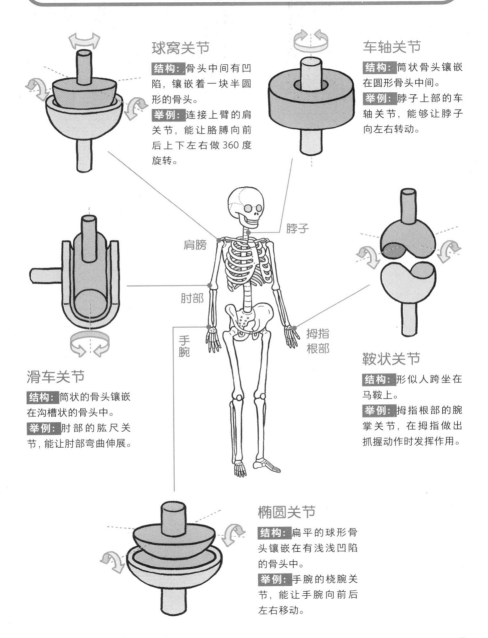

球窝关节

结构： 骨头中间有凹陷，镶嵌着一块半圆形的骨头。

举例： 连接上臂的肩关节，能让胳膊向前后上下左右做 360 度旋转。

车轴关节

结构： 筒状骨头镶嵌在圆形骨头中间。

举例： 脖子上部的车轴关节，能够让脖子向左右转动。

滑车关节

结构： 筒状的骨头镶嵌在沟槽状的骨头中。

举例： 肘部的肱尺关节，能让肘部弯曲伸展。

鞍状关节

结构： 形似人跨坐在马鞍上。

举例： 拇指根部的腕掌关节，在拇指做出抓握动作时发挥作用。

椭圆关节

结构： 扁平的球形骨头镶嵌在有浅浅凹陷的骨头中。

举例： 手腕的桡腕关节，能让手腕向前后左右移动。

脖子

肩膀

肘部

手腕

拇指根部

人类的进化多亏了手和脚?

▶▶ 直立行走让手脚完成分工，促进大脑发育。

✚ 学会使用工具，获得学习能力

大部分四足动物，前腿和后腿尽管有一定差异，在功能上却差别不大。

不过，人类则不同。**通过直立行走，人类的手和脚有了明确的分工。**

手进化出发达的大拇指，可以完成抓取物体等精细动作。通过与手臂的联动，还能够移动物体。不仅如此，人类通过学习使用工具，促进了大脑的发育，获得了学习能力。

✚ 虽然外观结构不同，骨骼却几乎相同

那脚呢? 脚在支撑身体的同时，有了走路和奔跑等运动功能。因为人类用双脚站立，所以脚跟到脚尖能牢牢抓住地面。另外，人的脚底进化出了一块拱桥形不着地的部分，可以分散体重，起到缓冲效果。如此进化的结果是，脚趾（趾骨）比手指（指骨）短，脚背更长。

虽然外观和功能不同，手和脚的骨骼结构却是类似的，一只手有27块骨头，一只脚有26块骨头。为了不让这些零碎的骨头四散分离，手和脚都有韧带和关节，将它们连在一起，并且指头（趾头）进化得更长。

尽管原本都是脚，人类却通过手脚分工促进了大脑发育，为进化做出了一份贡献。

手部特征与脚部特征

右手（手心）

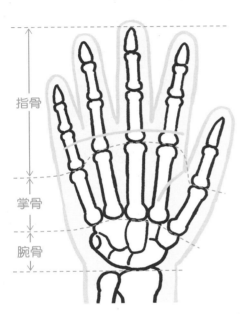

指骨

掌骨

腕骨

右脚（脚心）

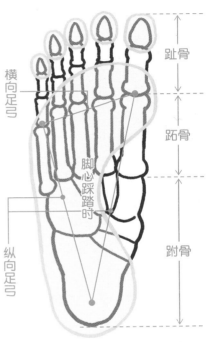

横向足弓

趾骨

跖骨

脚心踩踏时

纵向足弓

跗骨

腕骨的结构比跗骨更加复杂，能做出更加精细的动作。

足骨比手骨长，形成了三个足弓。

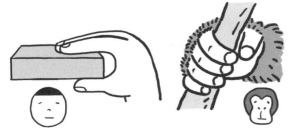

人类与大猩猩的抓握方式

人手在抓握物体时，拇指和其他指头方向相对；大猩猩却做不到这样抓握。

人身上的肌肉一共有多少块？

▶▶ 和骨头不同，肌肉很难有确定的数量。

✚ **可以是400，也可以是800，不同的计算方法会带来不同的结果**

　　人体一共有多少块肌肉呢？肌肉一共有三种，除了附着在骨骼上的骨骼肌之外，还有维持心脏活动的心肌，以及组成血管和内脏的平滑肌。平滑肌和心肌没有固定的数量。骨骼肌左右对称，研究者对骨骼肌的数量意见不一致，有人认为一共有 400 块，也有人认为是 800 块。

　　计算方法不同，肌肉的数量就不同。**每块肌肉都有自己的名字，所以不管由谁来数，都应该是同样的结果，可是例外情况的出现，让计算方法变得复杂起来。**

✚ **脊椎上有无名肌肉？**

　　最麻烦的是脊椎上的骨骼肌，一部分肌肉并没有独属于自己的名称。尽管附着在椎骨横突和斜向附着在棘突上的肌肉可以根据位置分出第 1 节脊椎上方肌肉、第 2 节脊椎上方肌肉、第 3 节脊椎上方肌肉……可是它们之间没有明显的界线。究竟应该统一算作一块肌肉，还是分别算作不同的肌肉，实在难以判断。

　　没办法，为了方便起见，**一般将第 1 节脊椎上方到第 2 节脊椎之间的比较短的肌肉称为"回旋肌"，第 2 ~ 4 节脊椎上方的肌肉称为"多裂肌"，第 4 节脊椎以上的肌肉称为"半棘肌"。**

　　顺带一提，手上的肌肉如果使用一个统一的名字，同样会让肌肉数量变少。因此，肌肉的数量很难确切计算。

肌肉（骨骼肌）的基本构造

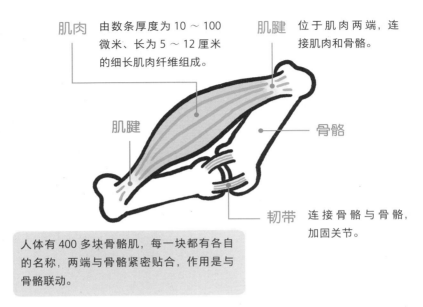

肌肉　由数条厚度为 10 ～ 100 微米、长为 5 ～ 12 厘米 的细长肌肉纤维组成。

肌腱　位于肌肉两端，连接肌肉和骨骼。

肌腱

骨骼

韧带　连接骨骼与骨骼，加固关节。

人体有 400 多块骨骼肌，每一块都有各自的名称，两端与骨骼紧密贴合，作用是与骨骼联动。

数不清的骨骼肌

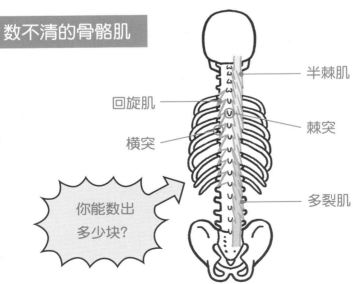

半棘肌

回旋肌

棘突

横突

多裂肌

你能数出多少块?

5

为什么相扑选手很少肩膀酸痛？

▶▶ 因为他们肩胛骨上的斜方肌十分发达。

✚ 不牢靠的肩膀连接着沉重的胳膊

肩膀正面是纤细的锁骨，背面是肩胛骨，这种不牢靠的结构还需要支撑胳膊。胳膊比大家想象中沉重，每条胳膊的重量能占到体重的1/16。以体重 60 千克的人为例，他的肩膀就需要支撑 7.5 千克（两条胳膊）的重量。

肩胛骨上附着有一大块肌肉，这就是骨骼的帮手斜方肌，能帮助支撑胳膊的重量。因此，就算人一动不动，这处的肌肉也总是处于紧张收缩的状态。肌肉收缩需要氧气作为能量，如果血液循环不畅，氧气就无法输送过来。因此，为了促进血液循环，活动肩膀是很重要的。如果不是有意识地运动，日常生活中很少有机会活动到斜方肌。于是斜方肌就会始终处于紧张状态，也就是处于血液循环不畅的状态。这就会导致肩膀酸痛。

但是，在日常生活中，像相扑选手那样经常要做出使劲拉拽物体的动作的人，斜方肌通常比较发达。发达的斜方肌能够有更强的力量支撑胳膊，也能减少肩膀酸痛的烦恼。

✚ 五十肩的真相是肩袖损伤

随着年龄增长，肩关节变得越来越脆弱，只要受到一点点刺激就会受伤，引发炎症。炎症引发的疼痛会导致胳膊无法抬高，俗称五十肩。其主要原因是包裹在肱骨周围的肌腱及肩袖损伤，由炎症引发的急性五十肩发作时，患者最需要的不是活动患处，而是静养。

与肩膀酸痛密切相关的斜方肌和肩袖

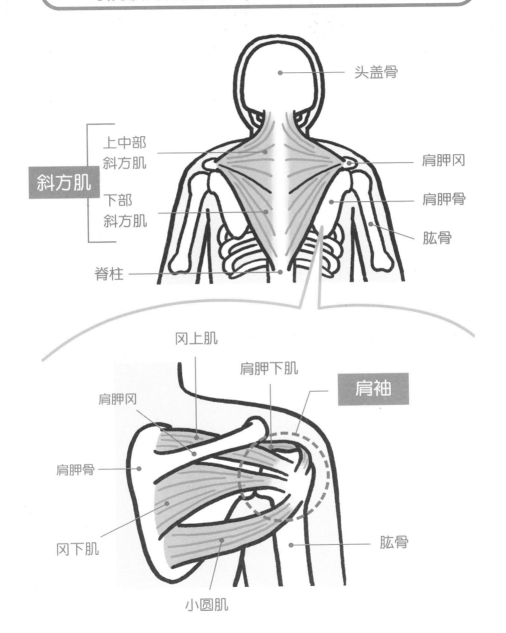

头盖骨

上中部
斜方肌

肩胛冈

斜方肌

下部
斜方肌

肩胛骨

肱骨

脊柱

冈上肌

肩胛下肌

肩袖

肩胛冈

肩胛骨

肱骨

冈下肌

小圆肌

6 人有多少根头发？

▶▶ 平均为10万根。每天脱落的头发超过50根。

✚ 男性和女性头发的寿命不同

头发是由皮肤分化而成的，每一根都很细，不过很多根头发聚集在一起就能保护头部不受到伤害，还能起到保温的效果。**日本人的头发数量在 8 万 ~ 12 万根，平均为 10 万根。**

头发每天都在缓慢生长，靠的是毛根最下方的毛母质细胞不断分裂。当头发停止生长后，毛根处的细胞会死亡，令头发自动脱落。男女头发的寿命不同，男性为 3 ~ 5 年，女性为 4 ~ 6 年。

健康人每天会掉 50 ~ 150 根头发。细胞会在头发脱落的地方再次开始分裂，长出新的头发。

✚ 一夜白头是不可能的

头发的颜色由头发中的黑色素含量决定，黑色素多则呈现出黑色，黑色素越少越偏向棕色。

黑色素和头发一样在毛根生成，不过毛根新陈代谢的速度会随着年龄的增长减慢，营养无法输送到毛母质细胞，导致形成色素的能力减弱，数量减少。于是黑色素之间出现空隙，空气乘虚而入，这就是白发的形成原理。

白发之所以会在光线的照射下发光，是因为头发缝隙之间的空气能反射光线。既然头发变白是毛根问题引起的，所以一夜白头是不可能发生的事情。

头发的寿命和生长变化循环

1 **生长期前期**
毛乳头发挥作用，将营养供应到毛根，毛母质细胞分裂，毛根生长。

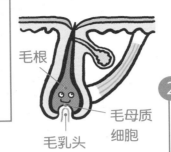

毛根

毛母质细胞

毛乳头

2 **生长期后期**
毛母质细胞继续分裂，头发不断生长。

脱落的头发

旧头发渐渐上升

头发

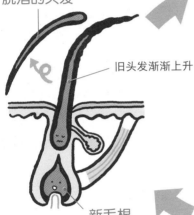

新毛根

4 **休止期**
头发上升到皮肤表面，不久后脱落。新头发开始在毛乳头处长出。

3 **退化期**
毛母质细胞停止分裂，头发停止生长。

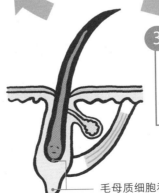

毛母质细胞和毛乳头退化

13

7 为什么皱纹会随着年龄的增长而增多？

▶▶ 因为两种能增加皮肤弹性的物质分泌减少了。

✚ 全身所有皮肤加在一起，能达到一张榻榻米大小！

皮肤是人体最大的组织，**据说成年人全身的皮肤展开后能有一张榻榻米那么大（1.6 ～ 1.8 平方米）。**

皮肤由表皮和真皮两层组成，加起来厚度能达到 1.4 毫米。皮肤下面是柔软的皮下组织。在身体的不同部位，每层的厚度是不同的。另外，皮肤中还有神经系统（详见第 78 页），能够感知压力、温度等外部刺激。

✚ 支撑皮肤的网状结构破裂

皮肤能够保持紧致，是因为皮肤中含有两种像细线一样的物质，分别是胶原纤维和弹性纤维，二者组成网状结构，支撑皮肤。

胶原纤维的作用是保持皮肤的张力，避免皮肤拉伸过度，而弹性纤维的作用则是让皮肤像橡胶一样能够伸缩。

可是随着年龄的增长，胶原纤维和弹性纤维的含量都会逐渐减少。**这两种物质减少之后，就会导致支撑皮肤的网状结构破裂，原本舒展的皮肤失去复原能力，开始出现松弛，皱纹就此出现。**

另外，阳光中所含的紫外线也是皱纹增加的原因。紫外线能穿透皮肤到达深处的真皮层，切断胶原纤维，导致弹性纤维变质。

随着年龄的增长，皱纹越来越多是无可奈何的事情，不过如果能够认真防晒，能在一定程度上减缓皱纹增加的速度。

皮肤的结构与功能

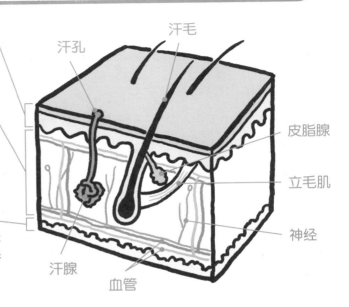

表皮
保护皮肤不受外界伤害的组织（角质），全年无休。

真皮
在胶原纤维和弹性纤维的作用下富含水分，含有血管和神经。

皮下组织
含有大量脂肪，起到缓解外界冲击、隔热保温、储存能量等作用。

汗孔

汗毛

皮脂腺

立毛肌

神经

汗腺

血管

皮肤除了双层结构之外，还包含汗腺、皮脂腺、汗毛等特殊器官，用于补充皮肤的功能。

出现皱纹的原因

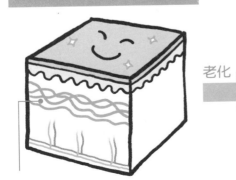

储存水分、富有弹性的真皮

老化

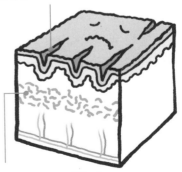

皮肤萎缩，形成褶皱

无法保持水分、弹性减小的真皮

8 指甲上时不时出现的白点意味着什么？

▶▶ 这不是病，而是指甲受到了刺激，或者有空气进入。

✚ 指甲用得越多长得越快

指甲是由皮肤（表皮）的角质硬化后形成的，作用是保护指尖和皮肤，让人们能够完成抓取体积小的物品等更精细的动作。

指甲是由"甲床"制造出来的，新长出的指甲会将旧指甲向前推，从而不断伸长。每根指头的指甲生长速度不同，据说食指、中指和无名指的指甲生长速度比拇指和小指快。成年人手指甲的平均生长速度为每天 0.1 毫米。从时间上来看，晚上比早上快，夏天比冬天快，手指甲的生长速度比脚指甲快。

✚ 指甲也是皮肤的一种，会出现异常状况

因为指甲也是皮肤的一种，所以有时会出现异常状况。另外，指甲的形状能反映出身体的老化情况和健康状况。指甲上出现锯齿形状的竖线，就是老化的标志。随着年龄的增长，甲床制造指甲时，不同位置细胞的分裂速度不再一致，于是就会出现锯齿状的竖线。

指甲上出现白点，也不需要担心，这不是生病的标志。而是由于甲床在制造指甲细胞时受到了某种刺激，或者指甲里进入了空气。白点会随着指甲不断长长而向上移动，最终消失。

指甲上出现横线，则是由于生活不规律或者精神压力大造成的。另外，指甲凸起是由肺部、心脏或者肝脏等器官发生病变而引起的。

指甲的结构和各部位的特征

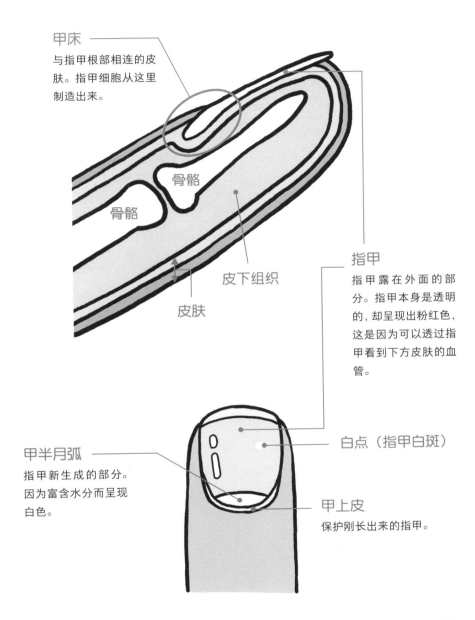

甲床
与指甲根部相连的皮肤。指甲细胞从这里制造出来。

骨骼

骨骼

皮下组织

皮肤

指甲
指甲露在外面的部分。指甲本身是透明的，却呈现出粉红色，这是因为可以透过指甲看到下方皮肤的血管。

甲半月弧
指甲新生成的部分。因为富含水分而呈现白色。

白点（指甲白斑）

甲上皮
保护刚长出来的指甲。

身体为什么能瞬间做出恰当的行为？

▶▶ 因为人体的构造决定了我们不会只依靠大脑。

✚ 脊髓代替大脑发挥中枢作用

我们在运动时，之所以能够做出符合外界变化的行为，是由于外界信息（信号）经由末梢神经和脊髓传入作为司令部的大脑，大脑综合信息后得出的指令再由脊髓和末梢神经传送到手脚肌肉等部位。

可是如果突然有物体飞来，需要我们在瞬息之间保护自己时，再向大脑传递信息、等待大脑指令就来不及了。

这种情况下，**脊髓能够代替大脑发挥中枢的作用，下意识地让身体做出反射行为，在被砸到之前做出反应，躲避危险。**这个原理就叫"脊髓反射"。

发生脊髓反射时，脊髓承担了大脑的角色，信号不经过大脑，而是直接由脊髓处理后向肌肉传达指令。

✚ 康复治疗正是利用了脊髓反射

脊髓左右两边一共伸出 31 对末梢神经（脊髓神经），延伸到身体的各个角落。在这些脊髓神经中，从脊髓腹侧伸出的运动神经负责传输运动信号，从背部中央伸出的感觉神经关系到全身的动作。

人在走路时会下意识地交替迈出左右腿，这同样是因为人体具有脊髓反射。

另外，如果大脑的一部分受损，导致身体麻痹，那么利用脊髓反射，就可以开展康复治疗。

大脑、脊髓、末梢神经的关系

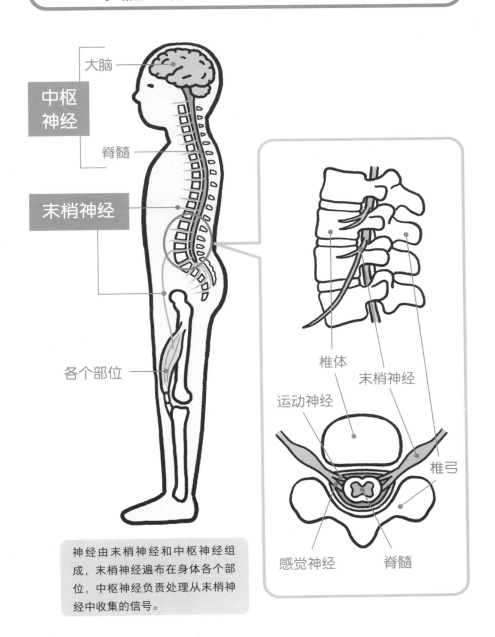

中枢神经

大脑

脊髓

末梢神经

各个部位

椎体

末梢神经

运动神经

椎弓

感觉神经

脊髓

神经由末梢神经和中枢神经组成，末梢神经遍布在身体各个部位，中枢神经负责处理从末梢神经中收集的信号。

19

为什么正坐后腿会发麻？

▶▶ 因为腿部神经发生了暂时性麻痹。

✚ 大家应该都有过正坐之后腿发麻的经历吧？

腿麻是因为暂时性的血流不畅。腿部有两条神经，分别是牵动肌肉的运动神经和感受温度与疼痛的感觉神经。

正坐时，**由于体重全都压在腿上，血管受到压迫，会导致血流不畅，造成腿部神经的暂时性麻痹**。运动神经麻痹会导致脚腕无法弯曲，人无法站立。而且因为感觉神经迟钝，就算掐自己的腿也没有感觉。

不过这些症状都是暂时性的，**只要起身或者改变姿势让腿部的血流恢复，感觉神经就会恢复**。

✚ 动脉可以根据需要改变形状

习惯正坐后，就算腿部血管受到压迫也不会出现麻痹症状。这是因为腿部能够保持必要的血液流动。

动脉可以根据需要变粗或者变细。像和尚那样习惯正坐的人，从较粗的动脉分出来的细动脉更加发达，会为了保持血液流动而加粗。所以就算长时间正坐，也能保证有足够的血液到达腿部神经，不容易出现麻痹症状。

正坐导致腿麻的原因

腿部神经因为缺氧而麻痹！

跪在地板上的腿部被体重压迫，血管受压变窄，氧气无法到达神经。氧气不足会导致神经麻痹，这就是腿麻的原因。

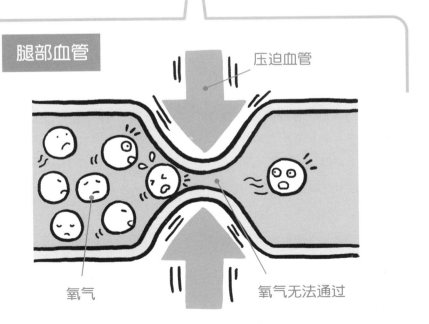

腿部血管

压迫血管

氧气

氧气无法通过

21

血管有多长?

✚ 越靠近心脏，血管越粗

血管是输送血液的管道，遍布全身各个角落，由动脉、毛细血管和静脉组成。

血管中，最粗的部分是大动脉，从心脏出发贯通身体正中，向其他动脉输送血液，它的直径比 10 日元硬币的直径（23.5 毫米）还要大一些。动脉血管壁厚，有弹性，所以不容易断。**动脉血管壁失去弹性变硬的情况被称为动脉硬化。**

最细的血管是毛细血管，直径大约为 1/120 毫米。它的粗细刚够红细胞等血细胞勉强通过，所以肉眼不可见。毛细血管遍布身体的各个角落，承担输送氧气和营养成分的作用。就连坚硬的骨骼中都有毛细血管。

✚ 血液要经过96000千米的旅程

透过皮肤能够看到的血管都是静脉。血液在心脏的泵血作用下通过动脉流出，而静脉中有防止血液倒流的静脉瓣，血液会在全身肌肉收缩的作用下对抗重力，通过静脉回到心脏。

静脉只负责搬运血液，几乎不受力，所以血管壁较薄，几乎没有弹性。

如果所有血管连在一起，能有多长呢? **答案是大约 96000 千米，大约可以绕地球两周半。**

全身血管分布

血管的所有流动路线都是从心脏出发，经过动脉→毛细血管→静脉后再次回到心脏。

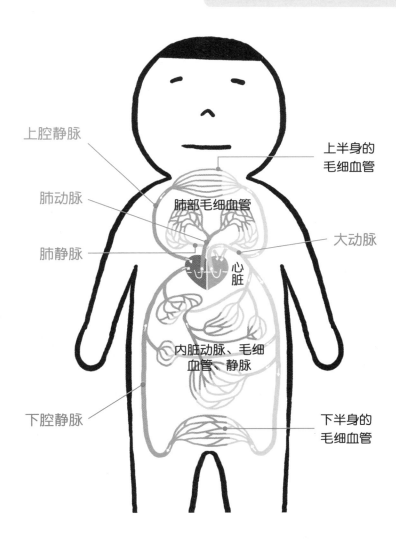

上腔静脉

肺动脉

肺静脉

上半身的
毛细血管

肺部毛细血管

大动脉

心脏

内脏动脉、毛细
血管、静脉

下腔静脉

下半身的
毛细血管

12

淋巴液的功能是什么？

▶▶ 搬运细胞产生的体内废物和脂肪，还具备免疫功能。

+ 遍布全身，排出体内废物的"水管"

淋巴管是淋巴液运行的通道，会沿着血管流经人体的各个部分。"淋巴"一词来源于拉丁语"清澈的水流"，第一次出现在日本，是在《解体新书》中，当时翻译为"水管"。

淋巴管中流淌的是淡黄色的淋巴液。淋巴液是从毛细血管中渗出后进入淋巴管的血浆，**负责搬运细胞排出的体内废物，以及肠道吸收的脂肪。**

淋巴管在运输途中会经过蚕豆大小的器官，叫作淋巴结。人体内大约有 800 个淋巴结，位于脖子、腋下和大腿根部等处，作用是过滤淋巴液中的细菌、病毒等异物。淋巴结中含有一种免疫细胞，名叫巨噬细胞，随时等待着与异物战斗。

+ 浮肿的真相是淋巴液漏出

淋巴还与浮肿有关。血液原本应该从心脏流出，最后再回到心脏，可是如果长时间站着不动，肌肉的力量将不足以挤压静脉血回到心脏，从腿部等身体末端流回心脏的血液就会减少。

于是毛细血管不得不承担较大的压力，无法回到心脏的血液从毛细血管中渗出，形成淋巴液淤积，这就是浮肿的真相。

就算出现了浮肿的症状，只要活动腿部，适当走动，淋巴液就能被身体回收，让浮肿消失。

淋巴液变回血液的原理

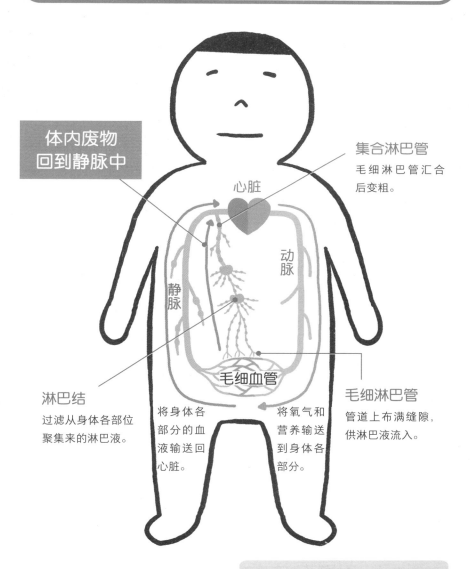

体内废物回到静脉中

心脏

集合淋巴管
毛细淋巴管汇合后变粗。

动脉

静脉

毛细血管

淋巴结
过滤从身体各部位聚集来的淋巴液。

将身体各部分的血液输送回心脏。

将氧气和营养输送到身体各部分。

毛细淋巴管
管道上布满缝隙，供淋巴液流入。

淋巴液经过层层过滤，流入静脉中时，已经几乎将所有异物清除干净。

人体真的全部是由细胞组成的吗?

▶▶ 全身的组织和脏器都是由细胞组成的。

✚ 受精卵不断进行细胞分裂，组成了人体

据说人体大约由 37 兆个细胞组成。精子和卵子受精后形成的唯一一个细胞（受精卵）变成 2 个、再变成 4 个，**细胞不断分裂分化，最后形成大脑、心脏、皮肤、指甲等多种多样各司其职的脏器和组织，发挥重要的功能。**

细胞有 200 ~ 300 种，每一个都在呼吸、吸收营养进行活动。人体细胞很小，只有通过显微镜才能看到，直径为 15 ~ 30 微米。我们之所以能够活着，就是因为有大约 37 兆个细胞在活动，保证各个器官顺利发挥各自的作用。

✚ 患上癌症的原因在于细胞分裂错误

组成人体的细胞老化后，会分裂出新细胞进行替换。可以说，正是细胞的不断分裂维持着人体的健康。

可是细胞分裂的次数是有限的，人体细胞能分裂 40 ~ 60 次，换算成时间能维持 120 ~ 130 年，可是大多数人活不到那么大的岁数。

这是因为细胞分裂制造新细胞的过程中会出现错误。**占据日本人死因第一位的是癌症，癌症的发病原因正是细胞分裂错误，而发生错误的概率会随着年龄的增长而提高。**体内的不良细胞增加后，人会生病，最终迎来死亡。

人类的寿命有限，是因为细胞无法永远分裂下去。

细胞的结构和各种功能

细胞的基本结构（剖面图）

核糖体
生成蛋白质的微粒，这些蛋白质能在体内发挥多种多样的作用。

细胞核
里面装着人体设计图，也就是染色体。

高尔基体
合成细胞内部的分泌物，暂时储存体内废物。

内质网
浓缩、储存制造核糖体的蛋白质。

溶酶体
分解细胞内多余的物质。

线粒体
进行有氧呼吸，制造能量。

中心粒
在细胞分裂时起核心作用。

各种细胞的种类

神经细胞
组成神经的细胞。有大量突起，与其他神经细胞相连。

上皮细胞
覆盖皮肤及肠胃等器官的表面。

肌肉细胞
组成肌肉的细胞，可以收缩。

红细胞
位于血液中，负责搬运氧气及二氧化碳。

骨细胞
有很多长长的脚，能和旁边的骨细胞紧紧缠绕在一起。

绘制出精密的人体解剖图
——现代解剖学之父维萨里

解剖学作为现代科学，诞生于 16 世纪以后。挑战人体之谜的是出生于比利时的安德烈·维萨里（1514—1564），他在 1543 年出版了一本名为《人体构造》的医学图书，成为解剖学的开端。

维萨里 18 岁离开祖国，在巴黎大学学习医学，对解剖课上学到的、当时流行的分工制解剖产生了疑问。当时，人们相信古罗马的医学家盖伦的医学理论，不重视观察人体结构。当时的解剖由负责执刀的执刀者、负责用棍子指示的指示者以及负责解说的解剖学者共同完成。

可是如果仔细观察真实人体的内部，就会发现有与权威书籍记载不符的地方。维萨里认为如果无法亲手切开人体进行确认，就看不到真实的情况。

后来，他为了研究解剖学进入意大利的帕多瓦大学，23 岁当上教授。他在大学课堂上亲自解剖了多具尸体，在基于观察结果进行考察研究的同时，创作了一部大部头图书。

这就是在维萨里 28 岁时出版的《人体构造》。这本书不仅学术价值高，而且哪怕以现在的眼光来看，书中解剖图的精美和准确性都令人震惊。

维萨里主张用自己的手解剖，用自己的眼睛观察，开创了传承至今的现代医学的历史。以他为起点发展起来的解剖学，研究形式不断改变，一直延续到现在。

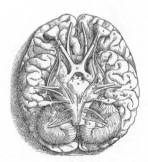

维萨里绘制的大脑基底节

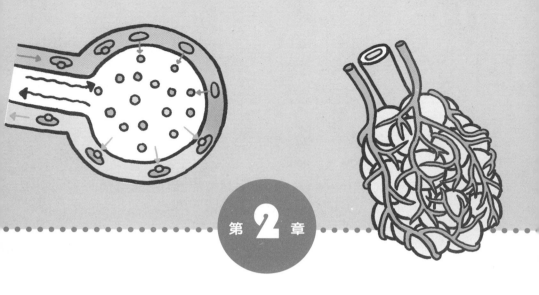

第 2 章

呼吸与循环之谜

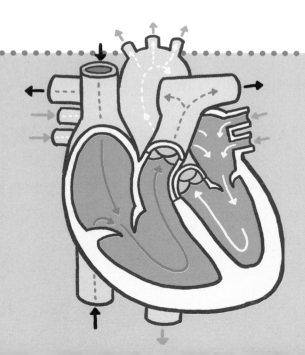

14 肺是如何获取氧气的?

▶▶ 肺泡将氧气送入毛细血管中。

➕ 气体交换在肺泡中完成，其表面积相当于37张榻榻米大小

动物都需要吸入氧气，呼出二氧化碳，通过呼吸才能生存，人类自然也不例外。**呼吸指的是在我们体内进行氧气和二氧化碳交换的过程。**

从口鼻进入体内的空气经过气管被送入肺。气管在左右两边的肺里长出枝条一样的分叉，变得越来越细。每一条气管分支的末端有很多像葡萄一样的小袋子，叫作肺泡，表面遍布细密的毛细血管。

肺泡的表面积能达到 50 ～ 60 平方米，换算成榻榻米大约有 37 张，气体交换就是在其中进行的。

➕ 氧气与红细胞结合后被运往全身

吸入的空气中包含氧气，**这些氧气从遍布肺泡表面的毛细血管进入血液。**血液中有红细胞，红细胞中包含血红蛋白。血红蛋白容易与氧气结合，红细胞正是利用血红蛋白的这项特点与氧气结合，通过动脉流遍全身。

体内多余的二氧化碳溶解在流遍全身的血液中再次回到心脏，然后被送往肺部。到达肺泡后，二氧化碳穿过血管壁进入肺泡。同时，肺泡吸收新的氧气，再次与红细胞结合。进入肺泡的二氧化碳随着呼吸从口中排出体外。

肺进行气体交换的原理

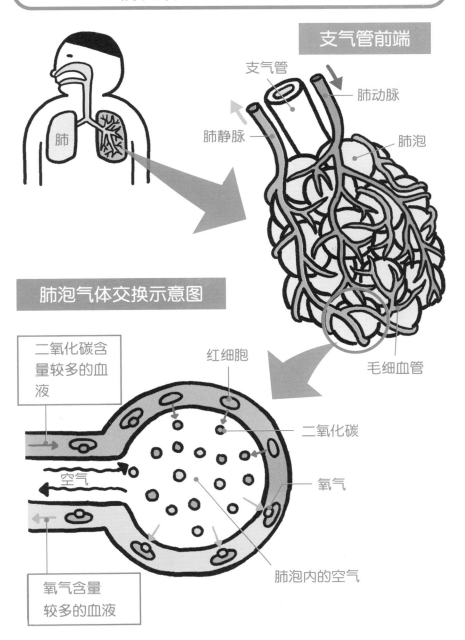

支气管前端

支气管
肺动脉
肺静脉
肺泡

肺泡气体交换示意图

二氧化碳含量较多的血液
红细胞
二氧化碳
空气
氧气
毛细血管
肺泡内的空气
氧气含量较多的血液

肺

31

肺有没有主动扩张的能力？

▶▶肺可以凭借膈与肋间肌的力量呼吸。

✚ 空气能够流入肺，或者被挤出肺

人们很容易产生误解，觉得肺是靠自己的力量收缩吸入或呼出空气的，其实并非如此。这一点与能够凭借自己的力量跳动的心脏不同。

肺本身没有主动扩张的能力，所以要借助胸腹交界处的膈，以及肋骨之间的肋间肌这两种肌肉的力量。

吸气时，肋间肌收缩，肋骨上提，与此同时，隔开胸腹的膈下降，肋骨内的空间增大。于是肋骨内的压力下降，空气流入膨胀的肺。

呼气时，伸展的肺凭借自身的弹性试图复原，将肺内的空气挤出。配合肺挤出空气、体积变小的过程，肋骨下降，膈上提，胸廓缩小，肺内的空气被成功挤出。这就是呼吸的原理。

✚ 人吸入的空气，有1/3没有用于气体交换

左肺比右肺小，形状也有所不同。原因在于心脏位于胸腔偏左的位置。右肺的重量大约 600 克，左肺大约 500 克。左右两个肺的容量合计约为 2 升，每次呼吸时交换的空气有 500 毫升左右。

不过，并非我们吸入的所有空气都用来进行气体交换。因为吸入的空气中有 1/3 是上次呼吸时没有完全呼出、留在气管中的旧空气。

与呼吸紧密相关的器官与肌肉

肺借助旁边的肋间肌和膈扩张。

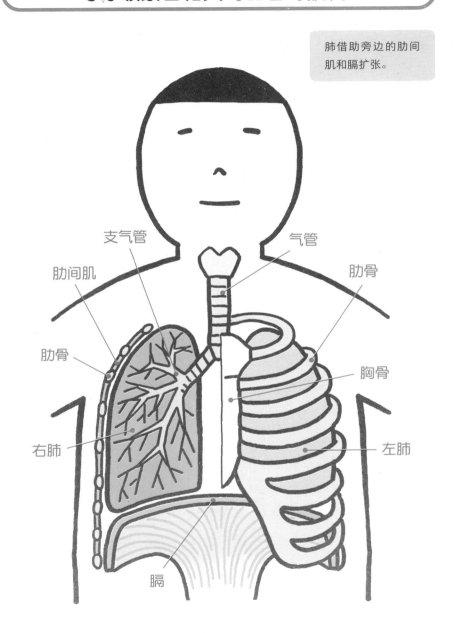

支气管

气管

肋间肌

肋骨

肋骨

胸骨

右肺

左肺

膈

真的可以用呼吸的方法区分男女吗?

▶▶ 女性多用胸式呼吸，男性多用腹式呼吸。

✚ 胸式呼吸是利用肋骨功能的呼吸法

呼吸指的是吸入空气，让氧气进入肺，呼出二氧化碳等不需要的气体。

其实呼吸分两种。一种是胸式呼吸，另一种是腹式呼吸。

胸式呼吸是指利用包裹着胸部的肋间肌扩张胸部，让空气进入肺。呼气时放松肋间肌，将肺内的空气挤出。 大家可以想象深呼吸，应该更容易理解。

据说女性大多使用胸式呼吸，而且怀孕后腹部空间狭窄，使用胸式呼吸更容易。

✚ 腹式呼吸是利用膈功能的呼吸法

腹式呼吸是指利用肺下方的膈让空气进出肺。膈收缩可以让肺向腹部扩张，吸入空气。膈复原后，肺内的空气从下方被挤出。 据说男性大多使用腹式呼吸。

两种呼吸法各有各的作用。胸式呼吸的目的是吸入大量空气，经常用在运动时和紧张时。

腹式呼吸的目的是排净体内积攒的空气，经常在放松时使用。

两种呼吸法对人类来说都很重要，我们的身体在生活中能够熟练地区分两种呼吸法。

胸式呼吸与腹式呼吸的区别

胸式呼吸

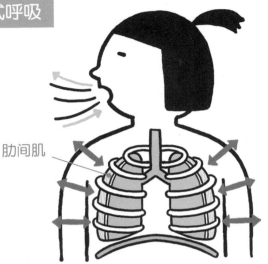

肋间肌

肋间肌收缩，让肺扩张吸气。肋间肌放松，让肺复原呼气。女性多用此呼吸法。

腹式呼吸

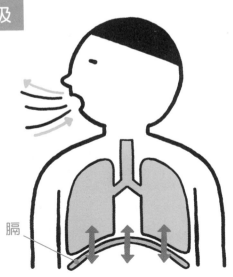

膈

膈收缩下降，让肺扩张吸气。膈放松，让肺复原呼气。男性多用此呼吸法。

17 人的心脏每天要跳动多少次？

▶▶ 心脏每天大约跳动10万次，一生约跳动30亿次。

✚ 身体越大的动物寿命越长

要想知道人的心脏每天跳动多少次，只需要数一分钟的脉搏就知道了。成年人每分钟的心跳大约为 70 次，经过简单的计算可以得知，一天的心跳大约为 10 万次，一年约为 3650 万次，如果按照 80 年计算，心脏一生要跳动将近 30 亿次。

据说大多数动物一生的心跳总数相同，体形越大的动物，每分钟的心跳数越少，体形越小的动物则越多。举例来说，大象每分钟的心跳数大约为 25 次，寿命为 60 年。小家鼠每分钟的心跳大约为 550 次，寿命约为 3 年。通常体形越大的动物寿命越长，不过也有人类这样的例外。

✚ 心脏是唯一能自发运动的脏器

心脏的作用是泵出血液，让血液在肺和全身循环。成年人的心脏每分钟能向体内送出 5 ～ 6 升血液，一天大约超过 7000 升。人在安静时，心脏每跳动一次送出的血液量为 70 ～ 80 毫升，剧烈运动时心跳加快，每分钟跳动 200 次以上，能送出大约 25 升血液。另外，在恐惧和紧张时心跳也会加快。心跳加快是由自主神经刺激心脏节奏引起的。

心脏是可以不经过神经就能自主运动的脏器。原因在于心肌的各个细胞具备规则搏动的特性。在这种特性的作用下，心脏就算被取出体外也能在较短的时间内持续跳动。

让血液循环的泵血功能

心脏发动的血液循环

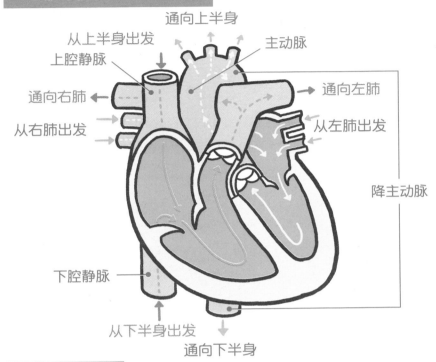

通向上半身

从上半身出发

上腔静脉

主动脉

通向右肺

通向左肺

从右肺出发

从左肺出发

降主动脉

下腔静脉

从下半身出发

通向下半身

心跳的原理

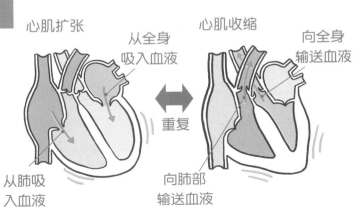

通过心肌的收缩和扩张控制血液流入流出。四个心脏瓣膜发挥作用，防止血液逆流。

心肌扩张

从全身吸入血液

心肌收缩

向全身输送血液

重复

从肺吸入血液

向肺部输送血液

左胸能摸到心跳，所以心脏在左胸？

▶▶ 解剖人体后发现，心脏几乎在胸部的正中央。

✚ 之所以能在左胸摸到心跳，是因为心尖在左侧

把手放在胸口，能够在左侧感觉到心跳，所以人们往往认为心脏位于胸的左边。其实心脏真正的位置几乎处于胸的正中央。

心脏跳动最强烈的部位在左下方靠前的心脏尖部，叫作心尖。**我们能在左胸摸到心跳正是因为心尖在左侧，才会误以为心脏在左侧。**

✚ 心脏左右不对称

心脏位于胸部中央，微微向左突出，约为一个拳头大小，长度在14厘米左右，重量为 250 ～ 350 克。心脏内部分成四个房间，分别是右心房、右心室、左心房和左心室。

右心房和右心室负责将从全身回到心脏的血液送往肺，左心房和左心室负责将从肺回到心脏的血液送往全身。右心室最靠近肺，所以送出血液不需要耗费太大的力量，而左心房要负责将血液送到头部和指尖等各个部位，需要强大的力量。所以心脏左侧的搏动力量更强。

在解剖图中，正面视角的心脏解剖图往往右心室较大，而左心室较小（参照第 37 页的图片）。

然而二者的实际大小并无差别。心室的下方与上方相比略微向后倾斜，所以从正面观察的话，前侧看起来更大。**再加上心脏会扭向左边，所以向前突出的右心室看起来更大，左心室看起来较小。**

心脏并非左右对称

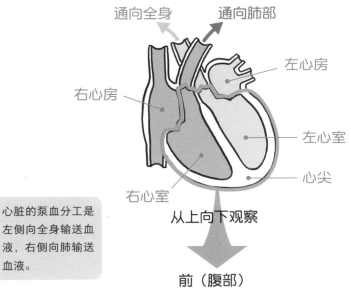

通向全身　通向肺部

左心房

右心房

左心室

心尖

右心室

心脏的泵血分工是左侧向全身输送血液，右侧向肺输送血液。

从上向下观察

前（腹部）

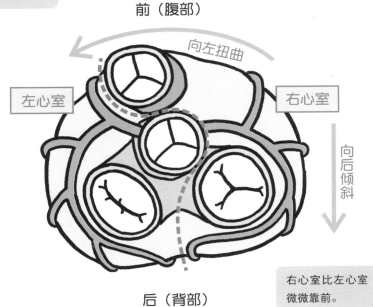

向左扭曲

左心室

右心室

向后倾斜

后（背部）

右心室比左心室微微靠前。

19

低血压、高血压意味着什么？

▶▶ 血压异常是身体正在出现问题的标志。

✚ 低血压说明体内血液循环不充分

血压是指心脏送出的血液压迫动脉时产生的压力。血压计上显示的最高血压指的是心脏肌肉收缩到最小时，送出的血液对血管壁的压力；而最低血压是指心脏肌肉最舒展时的压力。

血压比普通人低的倾向叫作低血压，**低血压时，体内的血液没有充分进行再循环，所以无法将足量的血液送到身体各个部分，会出现头晕、早上起床时无法立刻活动身体等症状。**低血压没有国际统一的判断标准，一般来说，最高血压低于 100mmHg 时大多会诊断为低血压。

✚ 高血压人群发生动脉硬化和心肌梗死的风险更高

人体的血压会随着运动和环境的变化升高或降低。运动时，因为身体需要氧气，所以血压会升高，感受到压力和情绪发生波动时血压也会升高。

任何人都会有血压暂时升高的情况，不过有些疾病也会引起血压升高。其中需要注意的就是作为生活习惯病的高血压。**如果高血压的症状持续出现，就会对血管造成伤害，导致血管变窄，血管壁变硬，引发动脉硬化；或者心脏血管堵塞，导致血液无法流动，引发心肌梗死。**高血压的诊断标准为最高血压超过 140mmHg，最低血压超过 90mmHg。

血压的升高和降低

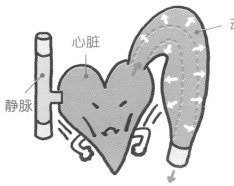

动脉

心脏

静脉

最高血压（收缩压）
心脏收缩送出血液时，对动脉的压力（血压）会升高。

重复

最低血压（舒张压）
心脏扩张吸入血液时，对动脉的压力（血压）会降低。

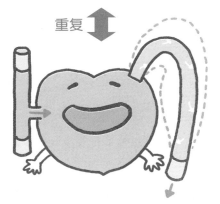

血压会随着生活场景发生变化

血压会在身体运动时上升，安静休息时下降。

高

低

20 如何区分血型?

▶▶ 根据红细胞表面聚糖的区别进行区分。

✚ 最流行的区分方式是ABO血型系统

血型有多种区分方法，使用最广泛的是 1900 年在澳大利亚发现的"ABO 血型法"。**血液在红细胞表面形成的聚糖结构不同，按照 ABO 血型系统的判定方式，血型正是由聚糖决定的。**

O 型血的人的聚糖被称为"H 型物质"。"H"指的是"Human"。A 型血的人红细胞上 H 型物质的末端附着有 A 型物质；B 型血的人红细胞上附着有 B 型物质；AB 型血的人同时带有 A 型物质和 B 型物质。

✚ O型的"O"是"无"的意思

既然有 A 型和 B 型，为什么下一个不是 C 型而是 O 型呢？**O 型血的人的聚糖只有 H 型物质，既没有 A 型物质也没有 B 型物质。**那么为什么要用"O"表示呢？

这是因为"O"是德语中"ohne"的首字母，意思是"无"。O 型血的人只拥有基本的 H 型物质，所以 O 型血是万能的，可以给任何血型的人输血。

但其他血型的人大量输入 O 型血会导致凝血或溶血，因此现在规定，除了紧急时刻，O 型血不能给其他血型的人输入。

另外，除了 ABO 血型系统之外，还有 Rh 血型系统，主要分为阳性和阴性，据说日本人有 99.5% 都是 Rh 阳性血。

用 ABO 血型系统区分不同血型

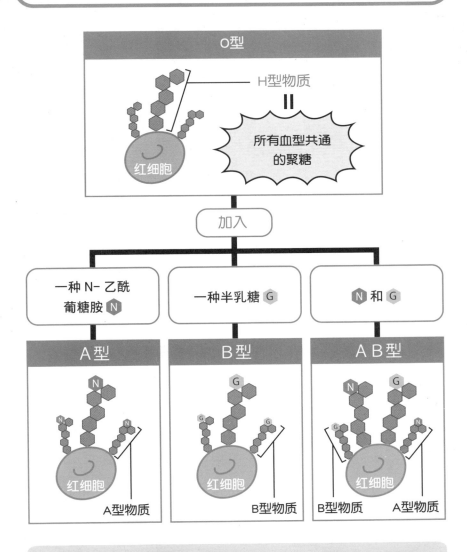

这些聚糖的类型是通过遗传从父母传给孩子的。在日本，A 型血的人最多，AB 型血的人最少。有些国家则 O 型血的人最多，比如美国。

21 脾脏被切掉也没关系，是真的吗？

▶▶ 虽然没关系，但脾脏有助于健康。

✚ 位于腹部左侧，跑步时会痛的脏器

人体内有几个器官大家都知道名字，却不太清楚它们的作用，其中的代表就是脾脏。

脾脏位于腹部左侧，是蚕豆形状的海绵状柔软脏器，长度约为 10 厘米，重量为 100 ～ 150 克。

突然跑起来的时候，腹部左侧会感到疼痛，有一种说法认为，运动需要大量氧气，脾脏为了给肌肉等器官输送大量氧气会发生过劳收缩，从而引发疼痛。

✚ 破坏旧红细胞，发挥免疫系统的作用

脾脏内部有两个组织，分别是红髓和白髓，几乎被血液占满。

红髓的作用是破坏旧的红细胞，回收可以再次利用的成分，将剩余的成分送到肝脏进行处理。

白髓是免疫系统的一部分，白细胞会发挥作用预防感染。白髓能制造抗体与病原体战斗，有提高免疫力的功能。

除了脾脏之外，人体内还有其他脏器发挥着同样的作用，所以，就算因为疾病和事故等原因摘除脾脏，人在大多数情况下也能立刻恢复正常生活，所以人就算没有脾脏也能生存。不过近年来，人们发现脾脏中大量存储的一种名叫淋巴球的白细胞，能在心脏因为心肌梗死等原因受到损伤时帮助其恢复。

位于腹部左侧的脾脏的作用

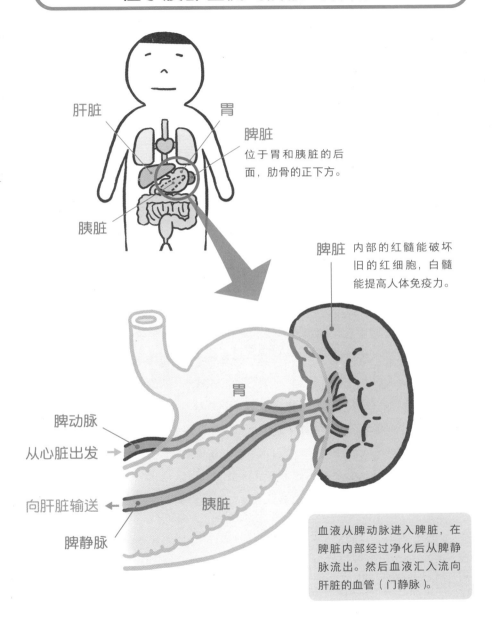

肝脏

胃

脾脏
位于胃和胰脏的后面，肋骨的正下方。

胰脏

脾脏 内部的红髓能破坏旧的红细胞，白髓能提高人体免疫力。

胃

脾动脉

从心脏出发 →

向肝脏输送 ←

胰脏

脾静脉

血液从脾动脉进入脾脏，在脾脏内部经过净化后从脾静脉流出。然后血液汇入流向肝脏的血管（门静脉）。

只靠肉眼观察研究
出血液循环的哈维

维萨里亲手解剖人体，根据实证结果在 1543 年出版了《人体构造》，然而，盖伦依然是解剖学界的权威。

心脏是输送血液的泵，压出的血液会在全身循环（血液循环学说），这是如今无人不晓的常识。

可是当时的人相信的是盖伦的学说，认为血液会在遍布全身的血管中像潮水一样涨退。

关于血液循环，就连探求人体真正奥秘的维萨里都没有怀疑盖伦的学说。

发现血液循环原理的人，是英国医生威廉·哈维（1578—1657）。

当时的英国在医学知识方面属于落后国家，所以哈维来到意大利帕多瓦大学留学，跟随维萨里的学生法布里克斯学习解剖学。

回到英国后，哈维成为一位临床医生，从帕多瓦回到英国的 25 年后，他于 1628 年出版了《心血运动论》，第一次提出血液循环学说。

这本书配图较少，不像维萨里的《人体构造》那样被广泛使用。在哈维生活的时代还没有显微镜，没有人能看到连接动脉和静脉的毛细血管。

可是哈维在《心血运动论》中仅凭借肉眼观察，就彻底论证了心脏是送出血液的泵、动脉将血液运往全身、静脉将血液运回心脏、瓣膜防止血液逆流等事实。

第 3 章

消化与吸收之谜

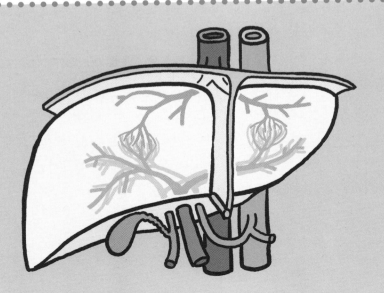

为什么人会被食物噎到?

▶▶ 食道和气管切换失败就会噎到。

✚ 动物的食道和气管完全分离

吃东西吃得太快就有可能被噎到,可是除了人类之外,其他哺乳类动物却不会发生同样的情况,原因在于喉咙结构的不同。

除了人类之外,在其他哺乳类动物的喉咙里,供食物通过的食道和供空气通过的气管是彻底分离的,呈立体交叉。从鼻子吸入的空气会进入喉头,从口中摄入的食物会进入食道,所以食物能顺利流入胃部。**然而人类的食道和气管在喉咙里是同一个入口,所以需要进行"交通管理"。**

✚ 人能说话,是因为喉咙有切换装置

人的喉咙里有两个盖子,分别是软腭和会厌。这两个盖子通过开合,可以切换通路,让食物进入食道,让空气进入气管。

比如吞咽食物时,软腭和会厌就会盖在气管上,确保通向食道的道路畅通。呼吸时,会厌抬起,打开气管的入口。

如果这个切换装置无法顺利运行就会发生意外,比如食物堵在喉咙里,或者进入气管引发呛咳。

虽然这种结构不方便,但是也有优点,那就是能发出声音。人类之所以能发出声音,是由于声带振动产生声波,只有让声波在口腔中而不是鼻腔内产生共鸣,才能发出声音。正因为喉部可以切换通道,人类才能发出声音,从而获得语言能力。

食道与气管的切换

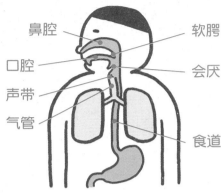

鼻腔　　　　　　软腭

口腔　　　　　　会厌

声带

气管　　　　　　食道

确保食道畅通

吞咽食物时，软腭和会厌堵住气管，让食物通过食道。

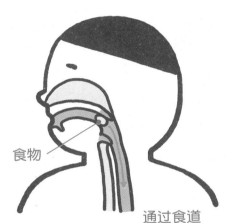

食物

通过食道

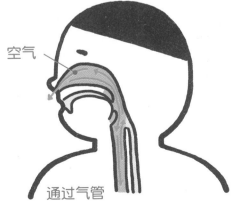

空气

确保气管畅通

呼吸、说话时，会厌抬起，让空气通过气管。

通过气管

23

胃的容量是多少?

▶▶成年人胃的容量为2～3瓶啤酒的量。

+ 胃是暂时保管食物的储存库

说到胃的作用，大多数人的回答或许是消化食物，然而实际情况有些许不同。胃最重要的作用是暂时储存食物。

成年人胃的容量为 1.2 ～ 1.6 升，相当于 2 ～ 3 瓶啤酒。1 ～ 2 岁的婴儿每次能吃下 0.5 升左右的食物。

可是胃并非从一开始就保持这样的尺寸等待食物的到来。胃空着的时候只有棒球大小，用餐后才会配合食物量膨胀。

另外，保存在胃里的食物会一边消毒杀菌一边逐渐消化，避免我们一直处于饥饿状态。

+ 食物在胃中停留时间长会导致积食

胃壁分布着三种肌肉，分别是纵向肌肉、圆形肌肉和斜向肌肉。这些肌肉通过纵向、横向、斜向伸缩引起胃部蠕动，将食物与用来消化的胃液搅拌成粥状。人每天分泌的胃液大约能达到 2 升。

不同种类的食物在胃中停留的时间不同，通常在 2 ～ 4 小时。冷的、软的食物停留时间短，温热的、硬的以及油腻的食物停留时间长。吃了油腻的食物容易积食，正是因为它们在胃中停留的时间长。

胃部构造与尺寸

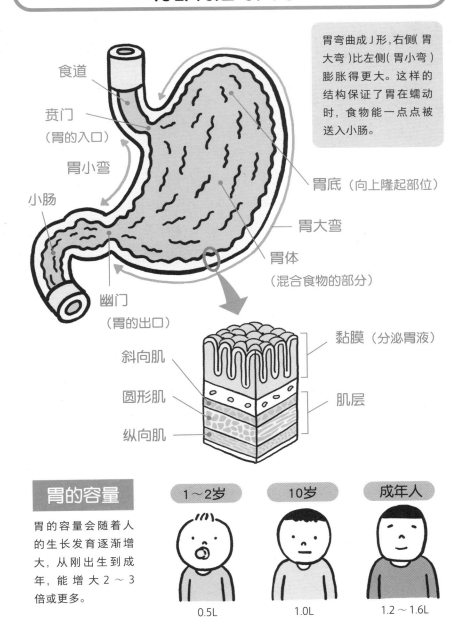

胃弯曲成 J 形,右侧(胃大弯)比左侧(胃小弯)膨胀得更大。这样的结构保证了胃在蠕动时,食物能一点点被送入小肠。

食道

贲门（胃的入口）

胃小弯

小肠

幽门（胃的出口）

胃底（向上隆起部位）

胃大弯

胃体（混合食物的部分）

斜向肌

圆形肌

纵向肌

黏膜（分泌胃液）

肌层

胃的容量

胃的容量会随着人的生长发育逐渐增大，从刚出生到成年，能增大 2 ～ 3 倍或更多。

1～2岁

10岁

成年人

0.5L

1.0L

1.2 ～ 1.6L

21

人为什么会打嗝？

▶▶ 为了缓解胃内部的压力。

✚ 嗝的来源是吸入的空气

在吃饱饭后，我们会打嗝。这究竟是为什么呢？掌握这个问题的答案的，是胃上方靠近食道的袋子形"胃底"。

可它明明位于胃的上方，为什么叫胃底呢？大家或许会觉得奇怪。这是因为它的名称来源于拉丁语。在拉丁语中，"底"的意思是"里"，解剖时会从比胃更靠下的位置开腹，这样一来胃底就位于胃最靠里（底）的地方，于是有了胃底这个名字。

胃底容易积攒气体，和食物一起摄入的空气就聚集在这里。另外，喝过碳酸饮料后容易打嗝，是因为饮料中的二氧化碳在胃底聚集。

当聚集的气体达到一定量时，胃里的压力升高，为了缓解压力，贲门打开，于是聚集在胃底的气体沿食道上升，从口中排出。这就是打嗝。

✚ 如果憋住不打嗝就会放屁

打嗝是为了排出胃中的气体，那么如果憋住不打嗝会怎么样呢？聚集在胃底的气体失去了向上排出的通道，最终会转而到肠子里变成屁排出去。

顺带一提，牛等草食动物也经常打嗝，它们的嗝里含有甲烷，据说这也是地球变暖的原因之一。

打嗝的原理

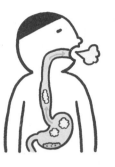

聚集在胃里的气体离开胃，沿食道上升从口中排出，这就是打嗝。

膈

括约肌

贲门关闭

胃底

聚集在胃底的气体

括约肌能发挥阀门的作用关闭贲门，避免气体沿食道上升。

贲门打开

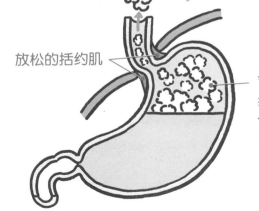

放松的括约肌

气体超过一定数量

括约肌暂时放松，让气体沿食道上升，减小胃的压力。

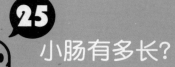

小肠有多长?

▶▶ 小肠是人体内最长的脏器,抻开后能达到 6 ~ 7 米。

✛ 全靠肠系膜,才避免小肠在肚子里缠成一团

小肠是消化器官,由十二指肠、空肠、回肠组成。除十二指肠之外,小肠的前 2/5 为空肠,后 3/5 为回肠,回肠比空肠长一些。**小肠在体内时紧缩在一起,大约有 3 米长,抻开后则能达到 6 ~ 7 米。**

尽管长度如此惊人,小肠在肚子里却不会缠成一团,这是肠系膜的功劳。肠系膜是包裹、支撑小肠的薄膜,像窗帘一样从腹部后壁垂下。肠系膜的下摆全都是皱褶,在它的包裹下,尽管小肠能达到 6 ~ 7 米长,依然能轻松地装进肚子里。另外,小肠之所以不会掉下来,也是因为肠系膜具有悬吊功能。

✛ 小肠的主要功能是消化吸收营养

小肠的主要功能有两个,一个功能是细致分解从胃里送来的粥状消化物,进行最后的消化步骤。到达小肠的粥状食物在几个小时之后,会通过十二指肠从回肠的出口排出。**在此期间,小肠会吸收营养成分与水分。营养成分的吸收主要要在空肠中进行。**

小肠的另外一个功能是吸收水分后将其送入大肠。从摄入的饮料和食物中自然能摄取水分,人体内分泌的唾液、胃液和胆汁也能被小肠吸收。进入肠子中的水分大约有八成在小肠内完成吸收,其余部分则在大肠中吸收。

漫长的消化管道"小肠"

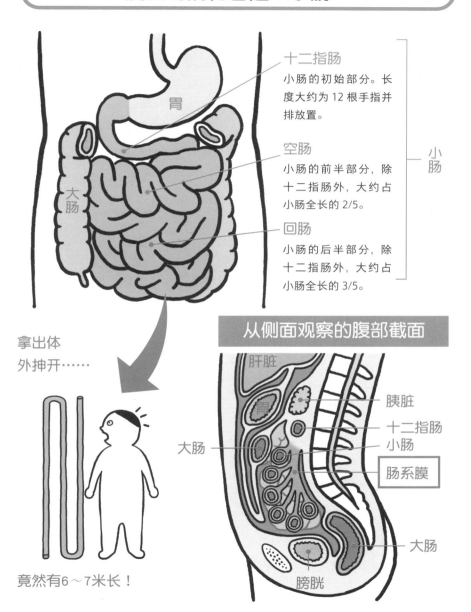

胃

大肠

十二指肠
小肠的初始部分。长度大约为 12 根手指并排放置。

空肠
小肠的前半部分,除十二指肠外,大约占小肠全长的 2/5。

回肠
小肠的后半部分,除十二指肠外,大约占小肠全长的 3/5。

小肠

拿出体外抻开……

竟然有6～7米长!

从侧面观察的腹部截面

肝脏

胰脏

大肠

十二指肠

小肠

肠系膜

大肠

膀胱

26 食物的消化和吸收需要多长时间？

▶▶ 食物的消化与吸收之旅大约要持续1天。

＋ 承担消化功能的是口、胃、小肠

食物与消化液发生化学反应，在器官的作用下分解成身体容易吸收的形态，这就是消化。人之所以需要消化，是因为食物中包含的营养成分（分子）太大，无法直接吸收。**将食物变成可以吸收的状态和物质，发挥作用的器官是口、胃和小肠。**

食物进入口中，在被牙齿咬碎的过程中与唾液混合，通过食道进入胃。食物在胃中暂时保存，经过胃液和消化液的消毒杀菌后，变成黏糊糊的粥状物。在胃里变成粥状的食物会被送入体内最长的消化吸收器官——小肠中。食物中的营养成分在小肠的前端——十二指肠中被分解，变成身体容易吸收的形态。

＋ 在小肠中高效消化吸收后进入大肠

营养成分在小肠中分解成身体容易吸收的形态，然后被小肠内壁吸收。小肠内壁上有很多褶皱，表面覆盖着绒毛状的突起，质地与天鹅绒相似。加上突起的表面，小肠内壁展开后的表面积能达到人体表面积的5倍，以便高效消化与吸收营养。营养成分吸收完成后，食物残渣进入大肠，水分被大肠吸收，最后成为粪便。

胃和小肠分别需要2～4小时进行食物消化，大肠需要大约15小时，总计约1天。不容易消化的食物有时甚至需要花费2天。

大约持续一整天的食物消化之路

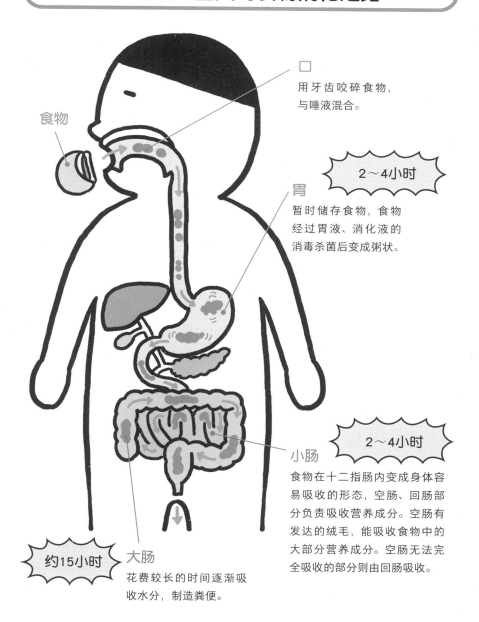

食物

口
用牙齿咬碎食物，
与唾液混合。

2～4小时

胃
暂时储存食物，食物
经过胃液、消化液的
消毒杀菌后变成粥状。

2～4小时

小肠
食物在十二指肠内变成身体容
易吸收的形态，空肠、回肠部
分负责吸收营养成分。空肠有
发达的绒毛，能吸收食物中的
大部分营养成分。空肠无法完
全吸收的部分则由回肠吸收。

约15小时

大肠
花费较长的时间逐渐吸
收水分，制造粪便。

肠子为什么能"千回百转"？

▶▶ 肠子周围没有骨骼包裹，因此活动范围很广。

✚ 保护肠子的是腹肌等肌肉

大肠是从食道开始的消化道的最后一部分，它是由盲肠、结肠、直肠组成的管道，总长度约 1.5 米。

在人体解剖图中，大肠通常会完整地包裹住小肠，不过人体内的实际情况是，肠子扭曲成非常复杂的形状，甚至难以区分出大肠和小肠，而且弯曲的方式因人而异，简直是"千回百转"。

这是为什么呢？因为和有骨骼包裹保护的大多数脏器不同，我们肚子里的肠子周围并没有骨骼。

从食道到直肠，一波波有节奏的肌肉收缩形成了蠕动运动，我们吃下的食物正是由于蠕动运动的作用从嘴被送到了肛门。**如果有坚硬的骨骼包裹我们的肚子，蠕动运动就无法充分进行，因此以腹肌为首的众多肌肉代替骨骼，包裹住了肠子，并且保护着它们。**

✚ 大肠不具备消化功能

大肠的作用是吸收小肠送来的食物残渣（消化物）中的水分，形成坚硬的粪便，不过实际上食物残渣中依然含有若干没有被消化吸收的营养成分。

尽管如此，大肠本身却并不具备消化功能。**分解这些残余营养成分的是常住于大肠中的肠内细菌。人体自身无法消化的物质就交给肠内细菌为我们处理吧。**

肠子周围没有骨骼包裹

肠子（大肠和小肠）位于肋骨和骨盆之间的肚子里，周围没有骨骼包裹。

结肠
大肠的主要部分。可以上下、左右、斜向弯曲。

盲肠
大肠的起始部分，每天大约有 1.5 升的消化物从小肠进入盲肠。

直肠
大肠的末端。暂时储存从结肠搬运来的食物残渣（粪便）。

大肠

小肠

肋骨

脊椎

骨盆

肛门
排出粪便的部位，平时关闭

完全没问题！

千回百转的肠子

我们能穿上收腰的衣服，就是因为肠子不受骨骼的干扰，能够自由移动。

28 入睡后为什么粪便不会漏出？

▶▶ 因为大脑和肛门的括约肌在工作。

➕ 人可以控制外肛门括约肌的开合

肛门与直肠相连，是消化道的终点，承担着排泄粪便的功能。肛门中有两种肌肉守护，一种是无法自主控制的肛门内括约肌，另一种是可以自主控制的肛门外括约肌。粪便不会在无意识中漏出，正是因为这样的结构。

粪便被送入直肠后，当内部压力超过一定程度后，刺激会通过脊髓传递，引起排便反射，肛门内括约肌在无意识中松弛，令人产生便意。尽管如此，我们依然能坚持走到厕所而不让粪便漏出，是因为还有能控制的肛门外括约肌。**另外，入睡后粪便也不会漏出，同样是因为大脑向肛门外括约肌发出了关闭的指令。**

➕ 肛门周围的疾病痔疮有四种

肛门周围的静脉没有防止血液逆流的静脉瓣，所以静脉血容易在肛门处淤积。淤血会变成痔核，这就是所谓的"痔疮"。也就是说，痔疮是血液循环不良引起的疾病。

痔疮有四种，肛门内侧形成的痔疮叫作"内痔"，外侧形成的痔疮叫作"外痔"。第三种是由于便秘等原因，导致干燥的大便在排出体外时挤破肛门皮肤而形成的"肛裂"。

男性身上多见的是第四种，叫作"痔瘘"，即肛瘘。这是由于肛门周围的伤口愈合情况不好，伤势反复，直肠与肛门周围的皮肤之间形成了一条"隧道"。据说导致痔瘘的原因有压力、酒精摄入引起的腹泻等。

肛门的结构与功能

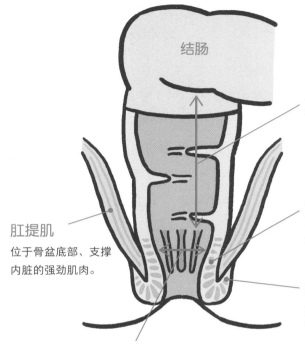

结肠

直肠
暂时储存粪便。

肛门内括约肌
负责开合肛门的肌肉。
无意识运动。

肛提肌
位于骨盆底部、支撑
内脏的强劲肌肉。

肛门外括约肌
负责开合肛门的肌肉。
可自主控制。

肛柱与肛窦
黏膜皱褶，和括约肌共
同发挥作用，达到紧密
关闭肛门的效果。

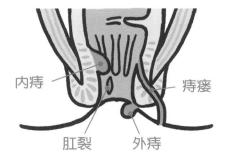

内痔

痔瘘

肛裂　　外痔

四种痔疮

我们俗称的痔疮主要是内痔和外
痔，肛裂又叫"裂痔"。

29 肝脏有什么作用?

▶▶ 分解、合成、解毒、储存体内物质。

✚ 对酒精和药物进行分解并解毒

肝脏是人体内最大的脏器,重达 1 ～ 1.5 千克,左右长度约 25 厘米,上下长度约 15 厘米,厚度能达到 7 厘米。"肝细胞"能进行各种各样的化学反应,负责转换营养成分、分解有害物质。

每分钟约有 1 ～ 1.8 升血液流入肝脏,**肝细胞将消化器官吸收的营养成分分解、合成为适合人体利用的成分;除储存营养成分之外,肝脏每天还能产生大约 1 升胆汁,用于解除酒精和药物等有害物质的毒性、排出体内的废物。** 肝脏这一个脏器就能完成多项工作,堪称人体内的化学工厂。

✚ 肝脏和其他脏器的不同之处在于再生能力强

肝脏最重要的作用是对营养成分进行化学处理。从食物中摄取的营养素无法直接在体内使用,需要在肠子里分解成单糖之后进入肝脏。**肝脏将单糖转化为能够吸收的能量——葡萄糖,送入血液供给全身。**

另外,肝脏可以将多余的葡萄糖转化成糖原(单糖的集合体),发挥着仓库的作用。糖原可以在必要的情况下恢复成葡萄糖,送往全身细胞。

而且肝脏拥有极强的再生能力。就算在手术中切除了 3/4 的肝脏,只要剩下的肝脏是健康的,就能在不到 1 个月的时间里恢复到原来的大小,肝脏是人体内唯一一个拥有再生功能的脏器。

大量血液进出肝脏

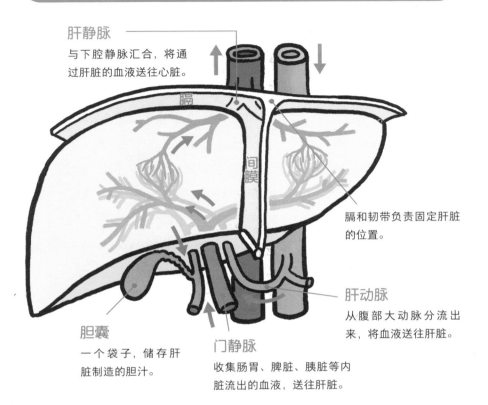

肝静脉
与下腔静脉汇合，将通过肝脏的血液送往心脏。

膈和韧带负责固定肝脏的位置。

肝动脉
从腹部大动脉分流出来，将血液送往肝脏。

胆囊
一个袋子，储存肝脏制造的胆汁。

门静脉
收集肠胃、脾脏、胰脏等内脏流出的血液，送往肝脏。

肝脏的主要功能

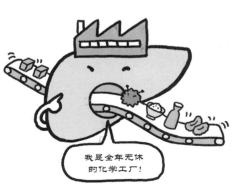

分解、合成	将吸收的营养成分转换为人体能够利用的成分。
解毒	分解体内的有害物质。
排出胆汁	将体内的废物排入胆汁，胆汁能够帮助消化。
储存	制造营养成分，并且暂时储存。

我是全年无休的化学工厂！

30

五脏六腑为什么不包括胰脏？

▶▶ 因为胰脏位于人体深处，存在感太弱。

✚ 因为不容易发现而被忘记的胰脏

吃到美味的饭菜、喝到好喝的酒时，人们会说"沁人心脾"（日语中形容为沁入五脏六腑）。五脏六腑这个说法来自传统中医，五脏指的是肝脏、心脏、脾脏、肺、肾脏；六腑指的是大肠、小肠、胆囊、胃、膀胱、三焦（所指实体不明）。在现代医学中，"胰脏"属于脏器，所以应该有六脏才对，那么为什么五脏六腑不包括胰脏呢？

胰脏位于胃的后侧，在人体深处，被夹在胃和脊柱中间（详见第65页图），古人或许并不知道它的存在。因为这个原因，胰脏也被称为"被遗忘的脏器"。

✚ 具有消化和控制血糖的重要功能

胰脏虽然被排除在五脏六腑之外，不过它有两项重要的功能。一是分泌胰液进入小肠，胰液中含有消化酶，能够帮助消化淀粉、蛋白质和脂肪等物质；二是控制血液中的葡萄糖含量，也就是血糖水平。

胰脏中的胰岛细胞能分泌胰岛素和胰高血糖素，是糖代谢中不可或缺的激素。在胰脏分泌的胰岛素的作用下，葡萄糖被作为能量使用。另外，当血糖值下降时，胰高血糖素能使血糖升高。

胰脏位于人体深处

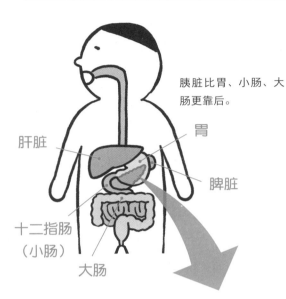

胰脏比胃、小肠、大肠更靠后。

肝脏

胃

脾脏

十二指肠（小肠）

大肠

胰脏嵌在粗血管、十二指肠、左肾的缝隙间，呈"匚"形。解剖时，只有在取出肠胃后才能看到它。

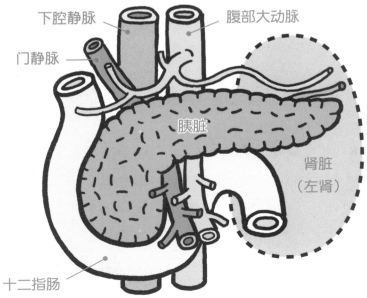

下腔静脉

腹部大动脉

门静脉

胰脏

肾脏（左肾）

十二指肠

31 胆汁是如何发挥作用的？

▶▶ 流入十二指肠，帮助消化。

✚ 肝脏分泌的黄褐色液体是胆汁

连接肝脏与十二指肠的胆管上有一个袋子形状的脏器，这就是胆囊，长度有 7 ～ 10 厘米，容积为 40 ～ 70 毫升。里面装着消化食物时会用到的胆汁。

胆汁呈黄褐色，因为含有胆固醇和破坏红细胞时生成的胆红素。顺带一提，粪便的颜色就来源于胆红素，胆汁酸有助于脂肪的消化。

✚ 暂时储存胆汁，在储存过程中浓缩胆汁

肝脏分泌的胆汁通过胆管在胆囊中汇集、储存，在此过程中，胆囊会吸收胆汁中的水分，浓缩胆汁。然后当食物进入十二指肠后，小肠受到刺激分泌消化道激素，接收到这个信号后，胆囊开始输送胆汁。

胆囊为了送出胆汁需要收缩肌肉。与此同时，胰脏开始分泌胰液，胆汁和胰液共同注入十二指肠，分解食物中的脂肪。当我们摄入脂肪含量高的食物后，胆囊就会分泌大量胆汁。

胆汁的成分因为某种原因凝固后形成的结石叫作"胆结石"，会引起腹痛，有些情况下会对身体有害。据说日本人胆结石的主要成分是胆固醇，所以叫"胆固醇结石"。为了预防结石，有效的方法是养成规律的饮食习惯、减少摄入胆固醇和脂肪含量高的食物等。

流入十二指肠的胆汁和胰液

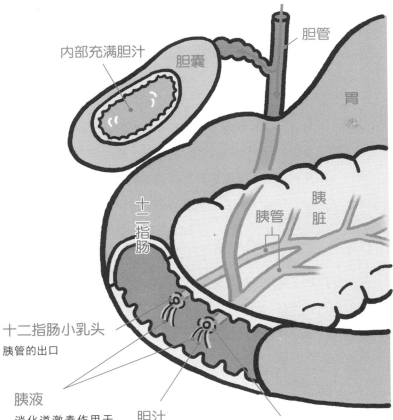

肝脏分泌的胆汁

胆管

内部充满胆汁

胆囊

胃

十二指肠

胰管

胰脏

十二指肠小乳头

胰管的出口

胰液

消化道激素作用于胰脏后，胰液流入十二指肠。胰液可以中和被胃酸变成酸性的食物。

胆汁

消化道激素作用于胆囊后，胆汁流入十二指肠。如果吃下脂肪含量较高的食物，肝脏会分泌更多的胆汁。

十二指肠大乳头

胆管和胰管的出口

32

人为什么有两个肾脏？

▶▶ 为了在失去一个肾脏之后能继续进行重要的工作。

✛ 肾脏就算只剩下一个也能充分发挥作用

人体内有像净水器一样保持血液干净的脏器，就是位于腹腔左右两侧的一对肾脏。

肾脏嵌在脊柱两侧腹腔内壁的脂肪中，并且左肾位置较高，右肾位置较低，这是因为右肾受到右侧肝脏的影响，被挤了下去。

肾脏在维持人体生命健康方面发挥着非常重要的作用，可以保证血液中的水的干净，所以人有两个肾脏，就算由于疾病等原因失去一个，剩下的那个也能充分发挥作用。人有两个肺叶也是出于同样的原因。

✛ 经过过滤后，原尿中99%的成分会被人体再次吸收

肾脏由大量管状的肾单位组成，肾单位负责过滤流入肾脏的血液，滤出的水分、盐分和体内废物会变成尿液排出体外。也就是说，尿液来源于血液。

每分钟共有大约 1 升血液进入两个肾脏，每天合计约为 1.5 吨。肾单位过滤后的血液被称为原尿，每天大约能达到 160 升，然而，实际上只有大约 1% 最终会变成尿液，也就是 1.5 升左右。其余 99% 的原尿，其中的水分、糖、盐分、钙、维生素会被肾单位再次吸收回到血液中。

肾脏的位置关系与功能

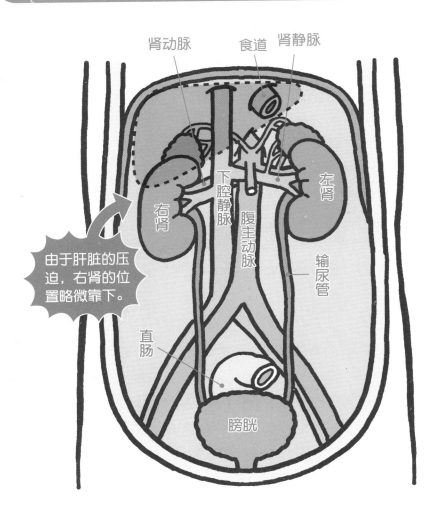

肾动脉　食道　肾静脉

右肾

下腔静脉

腹主动脉

左肾

输尿管

由于肝脏的压迫，右肾的位置略微靠下。

直肠

膀胱

从心脏流出的血液通过肾动脉进入肾脏，进行再吸收与过滤。净化后的血液进入肾静脉回到心脏。多余的成分变成尿液，通过输尿管排出体外。

33

小便的颜色为什么会改变?

▶▶ 颜色会随着体内盐分的浓度平衡发生改变。

✛ 让体液量保持稳定也是肾脏的功能

天气炎热时,如果因为运动出了大量的汗,小便的颜色就会比平时更深。尿液的颜色为什么会发生变化呢?

肾脏的一项重要功能是调节尿液的数量与成分,以保持体液数量与成分的稳定。

无论是呼吸、血液循环还是全身细胞的运动,都需要体液的成分与数量保持稳定。如果体液量不稳定,细胞就会无法工作,最终死亡。体液量与在体内循环的血量有关,过多会导致高血压,过少会导致循环不畅。

✛ 通过尿液的颜色还可以诊断疾病

在肾脏的功能中,尤其重要的一项是保持体内水分和盐分的平衡。如果明明没有出汗却喝了太多饮料,就会导致体内水分过多,盐分下降。这时就需要将多余水分化为稀薄尿液排出体外,恢复盐的浓度。

反之,如果出了很多汗却没有补充足够的水分,则会导致体内水分减少,盐分浓度上升。所以会排出含盐量较大、水分较少的浓稠尿液来保持平衡。这种情况下排出的尿液是深黄色的。

尿液有时也会因为疾病而改变颜色。当肾脏和膀胱生病时,会排出白浊的尿液或者混入血液的红色尿液。另外,如果尿液呈现深绿色,则有可能是肝脏出现了问题。

肾脏维持体内盐分浓度的原理

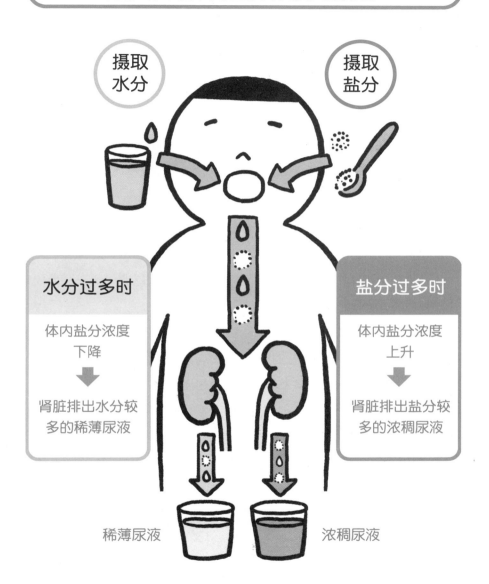

摄取
水分

摄取
盐分

水分过多时

体内盐分浓度
下降

⬇

肾脏排出水分较
多的稀薄尿液

盐分过多时

体内盐分浓度
上升

⬇

肾脏排出盐分较
多的浓稠尿液

稀薄尿液　　　　　　　　浓稠尿液

尿液的浓度会随着体内水分和盐分的平衡发生改变

34 膀胱的容量大约是多少?

▶▶ 成年男性的膀胱最大容量为 600 毫升左右。

✚ 男女的膀胱容量不同

人体脏器中,有几个能像气球一样伸缩,其中之一就是膀胱。膀胱是由肌肉构成的袋状器官,尿液没有进入时,高度在 3 ~ 4 厘米,上方塌陷。

充满尿液后,膀胱会膨胀成直径 10 厘米左右的球形,尿量装满袋子的一半时,我们会感觉到尿意。膀胱空着的时候,肌肉组成的膀胱壁厚度在 10 ~ 15 毫米,充满尿液时膀胱壁伸展变薄,只剩下 3 毫米左右。

男性膀胱的最大容量为 500 ~ 600 毫升,女性因为膀胱上方有子宫,所以最多只能容纳 450 毫升左右的尿液。

✚ 尿道长度不同,得病的风险也不同

男女尿道的长度也有差异,女性的尿道更短,从结构上来说更难憋尿。

男性射精时,尿道同样是精液的通道。睾丸(参考第 108 页)中制造出的精子从前列腺内侧进入尿道之后,要通过阴茎内部射精,所以男性的尿道长而曲折。

与男性不同,女性的尿道只用于排尿,所以又短又直。这样的结构让细菌更容易从尿道口侵入,从而导致膀胱炎和漏尿。

另外,男性的前列腺会随着年龄增长变得肥大,令尿道变细,导致排尿不畅。

膀胱与尿道的结构与功能

正面截面图（女性）

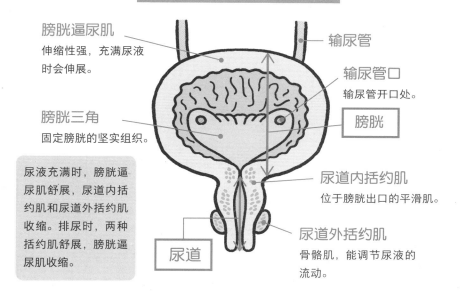

膀胱逼尿肌
伸缩性强，充满尿液时会伸展。

膀胱三角
固定膀胱的坚实组织。

尿液充满时，膀胱逼尿肌舒展，尿道内括约肌和尿道外括约肌收缩。排尿时，两种括约肌舒展，膀胱逼尿肌收缩。

输尿管

输尿管口
输尿管开口处。

膀胱

尿道内括约肌
位于膀胱出口的平滑肌。

尿道外括约肌
骨骼肌，能调节尿液的流动。

尿道

侧面截面图

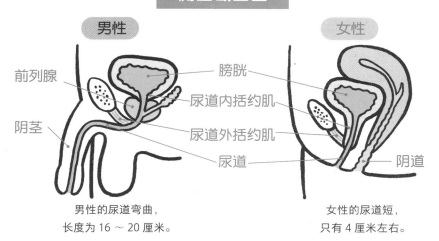

男性

女性

前列腺

阴茎

膀胱

尿道内括约肌

尿道外括约肌

尿道

阴道

男性的尿道弯曲，长度为 16 ～ 20 厘米。

女性的尿道短，只有 4 厘米左右。

细胞是构成生物的最小单位
——施莱登与施旺的"细胞学说"

生物体的微小世界原本是肉眼不可见的,显微镜技术为人类得以看见那个微小的世界做出了巨大的贡献。

显微镜发明于 16 世纪末,进入 19 世纪后技术水平不断进步,到了 1850 年之后取得了飞跃性的发展。在此背景下,学者们充满期待,认为只要使用显微镜进行研究,就能看到人体和动物体中有意义的结构。

17 世纪后半叶,活跃于英国的自然哲学家、物理学家罗伯特·胡克(1635—1703)第一个在显微镜的帮助下绘制出了生命的最小单位细胞,并且展示给世人。

胡克将红酒瓶的软木塞切成薄片,用显微镜观察截面,发现了很多小小的房间,于是将它们命名为 cell(小房间)。这成为英语中细胞 cell 的来源。

到了 19 世纪,人们研究出细胞不仅是植物组织内的单独空间,还是生命的单位。

通过使用显微镜,研究技术得以发展,在此基础上,德国的马蒂亚斯·雅各布·施莱登(1804—1881)和泰奥多尔·施旺(1810—1882)提出了解剖学中革命性的发现——细胞学说。

植物学家施莱登在 1838 年提出细胞是植物的基本组成单位,第二年,解剖学家施旺提出细胞同样是动物组织的基本组成单位,包括动物在内的细胞学说就此完成。

施莱登和施旺的细胞增殖机制的理论后来得到了修正,不过他们提出的细胞学说承认了细胞是生物体内的独立生命单位,是解剖学中的一项重大发现。

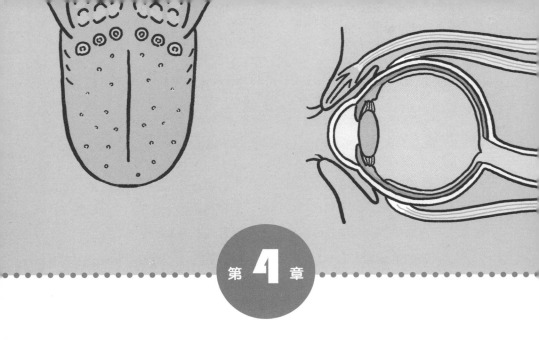

第 **4** 章

心脏与感觉之谜

35 大脑是如何传递信息的?

▶▶ 神经细胞发出电信号传递信息。

✚ 大脑是脏器中最贪吃的选手

大脑负责掌管思考和感情,同时综合控制眼睛、耳朵、鼻子、嘴巴和全身皮肤等体内各种各样的器官,承担着维系生命的重要责任。

大脑的重量为 1.2 ~ 1.5 千克,占体重的 2% ~ 3%,不过据说从食物中获取的热量大约有 20% 都是由大脑消耗的。清醒的时候自不必说,就连睡着的时候,大脑也会继续消耗能量,用来进行信息处理、发出运动指令等高级工作。而且和其他脏器不同,大脑只摄取葡萄糖,不会囤积能量。所以大脑比其他脏器更贪吃,如果血液中的葡萄糖含量不足,身体机能就会下降。疲惫时想吃甜食的原因就在于此。

✚ 电信号和神经递质负责传递感觉信息

据说人脑中有超过 1000 亿个神经细胞,大脑和全身的神经通过各个细胞发出的电信号相互传递信息。将电信号传递给相邻神经细胞的部分叫作"突触",电信号传递到突触之后,会释放出一种名叫神经递质的化学物质,将刺激传递到下一个神经细胞。经过一次次重复,皮肤和感觉器官受到的刺激就会以感觉信息的形式传递给大脑。

另外,一部分神经细胞被严严实实地包裹在绝缘膜中,跳过这一部分细胞后,电信号的传递速度能够加快。

通过电信号传递信息

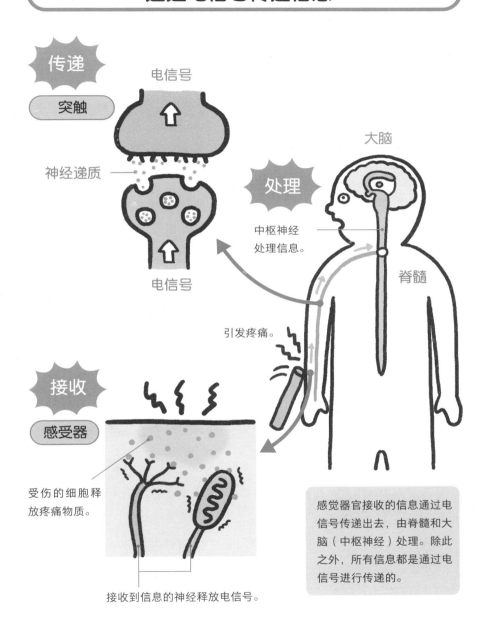

传递

突触

电信号

神经递质

电信号

处理

大脑

中枢神经
处理信息。

脊髓

引发疼痛。

接收

感受器

受伤的细胞释
放疼痛物质。

接收到信息的神经释放电信号。

感觉器官接收的信息通过电
信号传递出去，由脊髓和大
脑（中枢神经）处理。除此
之外，所有信息都是通过电
信号进行传递的。

36

触感、温度……皮肤感觉到了什么?

▶▶ 皮肤能分清5种不同的感觉。

✚ 无论太热还是太冷都会感到疼痛

皮肤是人体最大的感觉器官,成年人的皮肤总面积能达到一张榻榻米大小。皮肤很结实,包裹住全身,皮肤内有6种传感器,可以感知到5种不同的感觉。传感器是皮肤里附着在神经末梢上的小体,是感觉器官和游离神经末梢。

皮肤能感知到的5种感觉,分别是皮肤接触物体时产生的触觉,感受到压力时的压力觉,感到疼痛的痛觉,感到温暖的温觉和感到寒冷的冷觉。

其中有趣的一点是,温觉和冷觉在16 ~ 40℃的范围内能正常工作,当皮肤处于超出此范围的温度时就会感到危险,让人感到疼痛。人类对温度的感知范围出乎意料的窄小。这是一种防御反应,接触过热的热水时会感到疼痛,从而迅速逃离,保护自己。

✚ 不同部位的敏感程度不同

话虽如此,不过为了保护我们的身体,并不是越敏感越好。举例来说,如果指尖过于敏感,在接触物体时就会产生不适。不同身体部位的敏感程度大相径庭。通过代表性的测定方法"皮肤觉两点阈[1]"进行比较后发现,最敏感的部位是手指尖、嘴唇、鼻子、脸颊,其次是脚趾和脚心。而最迟钝的部位是肚子、胸部、后背、手腕和腿。

---

[1] 皮肤觉两点阈:分别刺激皮肤上相隔的两点,测试被试者是否能够辨别。

皮肤内部的传感器

温觉　冷觉　痛觉　压力觉　触觉

游离
神经末梢

环层
小体

鲁菲尼小体　梅克尔小体　梅氏小体
（触觉小体）

在各个传感器中，游离神经末梢负责感受痛觉、温觉和冷觉，环层
小体、鲁菲尼小体、梅克尔小体、触觉小体负责感受触觉和压力觉等。

37

压力有什么坏处？

▶▶ 刺激大脑，进一步扰乱自主神经。

✚ 强烈的压力会通过身体症状表现出来

当身心受到过度刺激（强烈的压力），比如酷暑严寒、高强度劳动，或者因为人际关系的烦恼而睡不着觉时，身体为应对压力呈现出来的表现就是压力反应。

最近对压力反应的研究表明，承受压力时，大脑受到影响的部位是最高中枢：前额叶。**压力过大时，大脑无法正常工作，控制身体状态的自主神经发生紊乱，身体上就会出现症状。**

压力过大时出现的代表性症状有视疲劳、肠胃失调、失眠、尿频、慢性疲劳等。如果长期压力过大，还有可能引发更严重的疾病。

✚ 做喜欢的事情来缓解压力

每个人感受压力的方式不同，面对同样的压力，性格越认真的人越敏感。相反，抗压能力强的人更擅长转换心情。想要缓解压力时，有效的方法是做自己喜欢的事情来转换心情。

举例来说，听音乐能让心情愉悦的原因在于产生了阿尔法脑波。**阿尔法脑波会在人处于放松状态，或者听到鸟鸣、水声等治愈的声音时出现。**创造出能产生阿尔法脑波的环境，是缓解压力的方法之一。

自主神经因为压力而出现紊乱

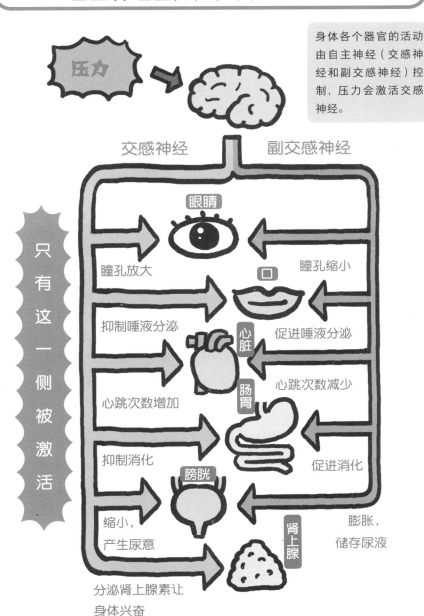

身体各个器官的活动由自主神经（交感神经和副交感神经）控制，压力会激活交感神经。

压力

交感神经　　副交感神经

眼睛

瞳孔放大　　瞳孔缩小

口

抑制唾液分泌　　促进唾液分泌

心脏

心跳次数增加　　心跳次数减少

肠胃

抑制消化　　促进消化

膀胱

缩小，产生尿意　　膨胀，储存尿液

肾上腺

分泌肾上腺素让身体兴奋

只有这一侧被激活

38

为什么悲伤和高兴时会流泪？

▶▶ 眼泪有平复心情的作用。

✚ 哭出来之后心情能轻松一些

我们在悲伤或不甘心的时候，还有非常高兴的时候，都会流泪。人为什么会流泪？理由如今尚不明确。表达情绪的眼泪是由副交感神经控制的，而副交感神经在放松或者睡觉时占据优势地位。**所以当情绪格外激动时，副交感神经会为了让身体平静下来而发挥作用，让我们流出眼泪。**

我想，在痛快地哭一场之后会感到轻松一些，或许就是这个原因。

✚ 眼泪还有保护眼球表面的作用

眼泪是由位于眼睑内侧、眼睛上方的泪腺制造的，平时会一点点从眼球表面流过。**眼泪的作用是保护眼球，冲去粘在眼球表面的灰尘和小颗粒，同时还可以防止眼睛干涩。**眼睛里进沙子时之所以会流泪，正是为了冲掉沙子保护眼睛。

另外，人在打哈欠时也会流泪，不过这并不是为了保护眼睛。从眼球表面流过的眼泪会储存在鼻子旁边的泪囊中，一点点流向鼻子，当我们因为打哈欠张大嘴巴时，会牵动整张脸，压迫泪囊，储存在里面的泪水就流了出来。

流泪的方式

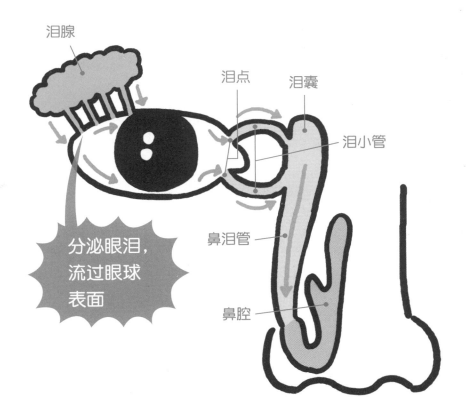

泪腺

泪点

泪囊

泪小管

鼻泪管

鼻腔

分泌眼泪，
流过眼球
表面

眼泪由泪腺分泌，从眼球表面流过，经过泪点、泪小管后储存在泪囊中。眼泪在重力作用下逐渐流入鼻泪管，进入鼻腔。在泪水喷涌而出时之所以会流鼻涕，就是因为眼睛和鼻子是连在一起的。

39 长时间盯着手机看会导致视线模糊？

▶▶ 因为睫状肌累了，无法再调节焦距。

✚ 晶状体的作用相当于镜头

眼睛里有一个像镜头一样的器官，名叫晶状体，为了看到物体，晶状体需要通过改变厚度来调节焦距，让光线聚焦在视网膜上。晶状体由睫状肌连接，睫状肌在看远处的物体时舒张，让晶状体变薄，从而减小光的折射，完成对焦。

相反，看近处的物体时，睫状肌收缩，让晶状体变厚，以增大光的折射完成对焦。

长时间看手机、电脑屏幕或者读书时，睫状肌为了对焦，需要始终保持紧张状态，最终会由于疲劳导致无法调焦，导致视线模糊。这就是"视疲劳"。视线模糊是眼睛疲劳的标志，请大家休息一下吧。

✚ 眼睛具备防抖功能

眼睛有六块肌肉，让眼球能够向上下左右运动，我们才能随心所欲地将视线转向各个方向看到物体。举例来说，因为有这六块肌肉，在地铁里，我们可以面冲前方，只转动眼球，就能偷看到身边的人正在看的漫画。

为什么需要这么多块肌肉呢？这是为了让我们在头和身体移动的时候依然能保持视线稳定，使看到的图像不会晃动。

也就是说，眼睛具有防抖功能。

眼睛具备镜头的调节功能

外界光线集中在晶状体上，映在视网膜屏幕上。映出的图像由视神经转换为电信号传入大脑，由大脑识别视野中的景象。

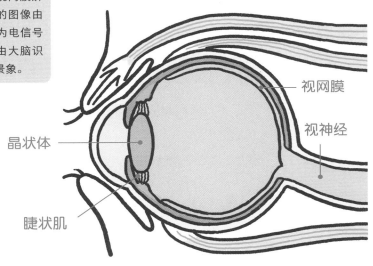

视网膜

视神经

晶状体

睫状肌

视疲劳

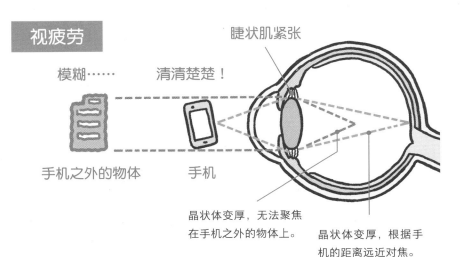

睫状肌紧张

模糊……

清清楚楚！

手机之外的物体

手机

晶状体变厚，无法聚焦在手机之外的物体上。

晶状体变厚，根据手机的距离远近对焦。

视力下降的原理是什么?

▶▶ 眼球发生变化，调焦变得困难。

✚ 眼球形状变化导致近视或远视

我们在看东西的时候，晶状体能够调节焦距，通过折射进入眼中的光线，让我们看到的事物清晰地显示在视网膜上。视力正常是指光线能成功对焦到视网膜上，如果无法成功对焦，就会造成近视或远视。

发生这种变化的原因之一在于眼睛本身的形状。**举例来说，看不清远处物体的近视人群，眼球形状表现为前后变长，晶状体与视网膜之间的距离增大。**相反，如果眼球形状前后缩短，晶状体和视网膜之间的距离减小，就会导致看不清近处的物体，变成远视眼。

另一个原因是睫状肌的功能衰退。举例来说，如果养成了只看近处物体的习惯，睫状肌就会变得僵硬，保持在收缩状态，导致近视眼。

另外，眼球表面形状扭曲，会导致焦点偏移，看到重影，这就是"散光"。

✚ 晶状体本身质变导致老花眼

大家都会经历的"老花眼"是由晶状体本身的质变引起的。

晶状体会随着年龄的增长逐渐失去弹性，就算睫状肌舒张，也很难改变晶状体的厚度。于是在看近处的物体时，就会无法对焦。这就是老花眼的原理。解决老花眼的方法是戴上用凸透镜制成的老花镜。

近视和远视的原理和矫正方法

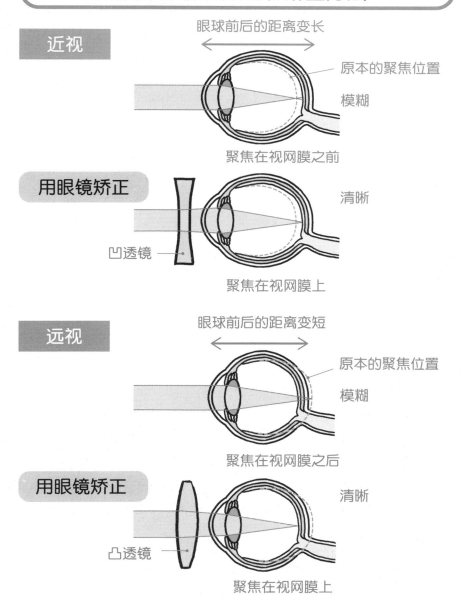

眼球前后的距离变长

近视

原本的聚焦位置

模糊

聚焦在视网膜之前

用眼镜矫正

清晰

凹透镜

聚焦在视网膜上

眼球前后的距离变短

远视

原本的聚焦位置

模糊

聚焦在视网膜之后

用眼镜矫正

清晰

凸透镜

聚焦在视网膜上

41 耳朵是如何让人听到声音的?

▶▶ 将空气振动转换为电信号产生听觉。

✚ 声音通过多个器官到达大脑

耳朵最初的作用是收集声音,负责这项工作的是向外打开的耳郭。耳郭是收集声音的天线,据说它凹凸不平的形状就是为了准确捕捉声音。

声音其实是空气的振动,即声波。耳郭收集到的声波通过外耳道撞击位于尽头的鼓膜,让鼓膜发生振动。振动传递到鼓膜尽头的听小骨,这是人体中最小的骨头。

听小骨前面有旋涡状的耳蜗,振动到达后,引起耳蜗里的淋巴液振动,使耳蜗里的耳毛细胞产生振动。耳毛细胞就像钢琴键盘一样按照音阶排列,可以将感知到的振动内容转换为电信号。电信号通过神经传递到大脑,由大脑识别出声音。

✚ 耳背是因为耳毛细胞功能衰退

上了年纪之后,声音进入耳朵传递到大脑的过程中就会开始出现各种各样的问题。

其中,造成耳背最重要的原因是耳蜗中耳毛细胞的功能衰退。耳毛细胞的工作特点是,距离耳蜗入口越近的细胞,越能感知音调高的声音,而越靠内的细胞越能感知音调低的声音,由于任何声音都是从入口进入耳蜗的,所以负责感知高音调的耳毛细胞更容易受损。因此人在上了年纪后,会逐渐听不清音调高的声音。

声波转化为听觉的原理

1
声波传递到鼓膜，让鼓膜产生振动

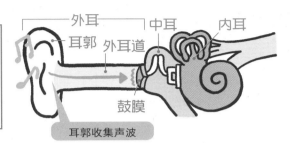

外耳｜中耳｜内耳
耳郭 外耳道
鼓膜

耳郭收集声波

2
听小骨加剧鼓膜的振动

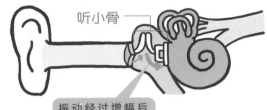

听小骨

振动经过增幅后进入内耳

3
振动传到耳蜗，转化为电信号

三个半规管

耳蜗

耳蜗内的淋巴液产生振动，由耳蜗内的耳毛细胞接收

4
电信号经由内耳神经到达大脑

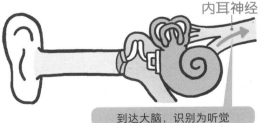

内耳神经

到达大脑，识别为听觉

人能够忍受多大的声音？

▶▶ 能够忍受的极限是近处的飞机引擎声。

✚ 声音小才能安静

对人类来说，声音并不一定都是悦耳的，自己喜欢的音乐，对别人来说或许会变成噪声。

我们的耳朵接收空气振动产生的声波时，声波的振幅越大，我们听到的声音越大。分贝（dB）是用来衡量体感音量的单位，可以表示各种声音的大小（声音强度）。**举例来说，耳边的私语音量为 30 分贝，出其不意的大叫则能达到 80 ～ 90 分贝。**

日常生活中，令人觉得安静的标准是不超过 45 分贝，居住环境的适宜音量为 40 ～ 60 分贝。一旦超过，人就会感到吵，如果持续听到 80 分贝左右的声音，甚至会丧失食欲，很可能对听力产生损害。80 分贝相当于钢琴声和在地铁里开窗时听到的声音（中国的地铁不能开窗）。

✚ 超过150分贝的声音可能会振破鼓膜

声音继续增大，达到 100 分贝时，就相当于按响汽车喇叭和火车经过铁轨时的声音了。突然传来巨大的声音会吓人一跳。**近距离听到飞机引擎声和打雷声时耳朵会疼，这时的音量大约在 120 分贝，这是耳朵能够勉强忍受的极限。**

超过这个范围，鼓膜功能会发生异常，如果音量超过 150 分贝，会有鼓膜破裂的危险。另外，当戴上耳机，身边的人能听到耳机中传出的音乐时，说明此时的耳机音量已经大到有损害听力的危险。

音量的真面目和标准

传入耳中的声波

声音其实就是空气压力的反复增减。压力增减产生的声波振幅越大，我们听到的声音越大。

小声（振幅小）

大声（振幅大）

声音强度标准（分贝）

数值	标准	数值	标准
20	树叶的摩擦声	80	钢琴声
30	私语声	90	大声说话、犬吠声
40	安静的住宅区、鸟鸣声	100	火车经过铁轨
50	空调外机声、安静的办公室	110	直升机附近
60	门铃声、普通对话	120	飞机引擎附近
70	扫地机声、电话铃声		※ 摘自常陆那珂市《噪声标准》

43

身体是靠什么保持平衡的？

▶▶ 靠耳前庭和三个半规管。

✚ 耳前庭能够感知前后左右的倾斜和加速度

耳朵的主要功能是听声音，同样发挥着保持身体平衡的作用。承担这项任务、能够感知身体运动和倾斜的是耳蜗旁边的耳前庭，以及由前半规管、后半规管、外侧半规管组成的半规管。三个半规管呈圆形，形状很像巧环玩具。

耳前庭和三个半规管中充满了淋巴液，以及能够感觉到淋巴液运动的耳毛细胞。耳前庭的毛细胞上有耳石，头部倾斜后会牵动耳石。**耳前庭毛细胞根据耳石的运动情况感知头部的倾斜度并且传递给大脑，由大脑感知上下左右的倾斜度和加速度。**

✚ 三个半规管能感知各种旋转

头部转动时三个半规管中的淋巴液会流动，毛细胞受到刺激后，会将信息传递给大脑。**三个半规管主要负责感知头部的横向旋转和前后旋转。**

耳朵里的这些器官只要有一个无法正常工作，人就无法正确感知到头部的晃动，甚至没办法走路。

人在走路时，就算晃动头部，也能够向着一点前进，是因为头部的晃动传达到大脑后，大脑会向眼睛发出"向头部晃动的反方向转动眼球"的指示。

人们往往认为眼睛和耳朵是互不相干的器官，其实在保持平衡时，二者会共同起作用。

内耳的结构与功能

前半规管

外侧半规管

感知头部向前运动时的旋转程度与速度。

感知头部向左右运动时的旋转程度与速度。

感知旋转的部位

三个半规管

后半规管

耳前庭

耳蜗

感知头部向后运动时的旋转程度与速度。

感知倾斜的部位

感知声音的部位

✚ 敏感程度按照苦味、酸味、甜味、咸味依次减弱

大家有没有听说过"味觉地图"？舌尖能尝到甜味，舌头侧面能尝到酸味，舌头深处能尝到苦味。这是基于 1901 年的研究而流传的陈旧学说，实际情况有些不同。

人类能识别的味道有五种，分别是"咸味""酸味""甜味""苦味""鲜味"，味觉由这五种味道组成。仔细观察舌头会发现，上面布满了一粒粒突起，这就是舌乳头。**舌乳头内的味蕾能够感知到五种味道，敏感程度按照苦味、酸味、甜味、咸味依次减弱。**

不过，舌头的不同部位对味道的敏感程度不同。这也是由于味道传感器（味蕾）并不是均匀分布在整条舌头上的，而是集中在舌尖、舌根附近以及侧面后方。

✚ 味蕾的功能会随着年龄增长逐渐减退

大约有八成的味蕾位于舌头上，剩余的大约二成味蕾位于喉咙和软腭的柔软处。**喉咙里的味蕾会在喝水时产生反应，据说这种反应与顺滑感有关。**

幼年时，每个人大约有 1 万个味蕾，数量随着年龄的增长逐渐减少，上了年纪后会减少到 5000 个以下。由于孩子的味蕾敏感，所以能够感受到强烈的酸味和苦味。成年人之所以会觉得酸味和苦味的食物变得好吃了，是因为对味觉的感知力下降了，于是酸味和苦味都变得程度正好。

产生味觉的原理

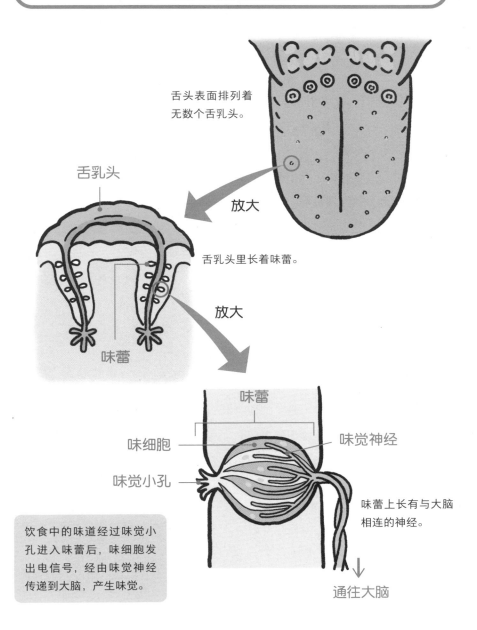

舌头表面排列着无数个舌乳头。

舌乳头

放大

舌乳头里长着味蕾。

味蕾

放大

味蕾

味细胞

味觉小孔

味觉神经

味蕾上长有与大脑相连的神经。

饮食中的味道经过味觉小孔进入味蕾后，味细胞发出电信号，经由味觉神经传递到大脑，产生味觉。

通往大脑

95

45 鼻孔通往哪里?

▶▶ 头部各处的管道和洞口都是相互连接的。

✚ 鼻子同样是获取空气的器官

鼻子除了作为嗅觉器官闻到气味,同样也是获取空气的呼吸器官。

鼻子里有鼻腔,像一个大大的洞穴,观察头部的截面图会发现,正中央有一道名叫鼻中隔的板子,将鼻子分成左右两半。**鼻中隔有上中下三块骨头,被称为鼻甲,表面覆盖着黏膜。在三块鼻甲下方形成了三个空气通道,分别是上鼻道、中鼻道、下鼻道,吸入的空气通过上鼻道进入肺,肺排出的空气主要通过中鼻道和下鼻道排出体外。**

顺带一提,虽然人有两个鼻孔,不过二者并非同时通气,而是左右鼻孔交替呼吸。交替周期因人而异,一般为 1 ~ 2 小时。

✚ 连接鼻窦、眼睛、耳朵的隧道

鼻腔不仅是空气的通道,还与头部各处相连。**第一是鼻窦**。鼻腔中有多个通道,与被称为鼻窦的四个洞相连。

第二是鼻泪管(参考第 83 页)。鼻泪管与眼睛相连,人在哭泣的时候会流鼻涕,就是因为眼泪从眼角进入鼻泪管后流出鼻腔。

第三是连接耳朵的通道耳咽管。感冒会引发中耳炎,就是因为鼻腔的炎症会波及耳朵。

面部内部的空气通道和孔洞

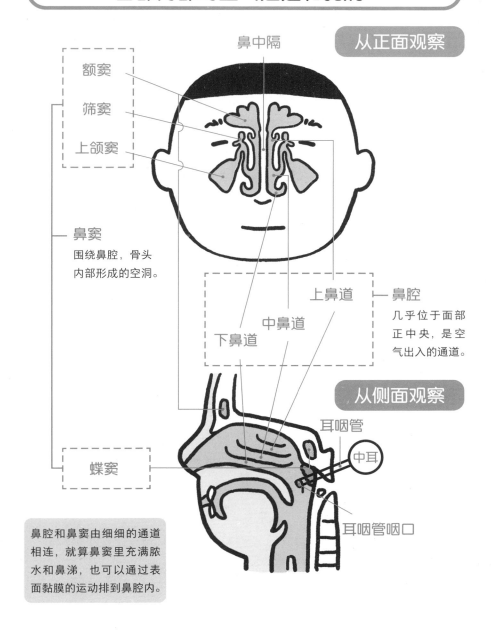

从正面观察

鼻中隔

额窦

筛窦

上颌窦

鼻窦
围绕鼻腔，骨头
内部形成的空洞。

蝶窦

上鼻道

中鼻道

下鼻道

鼻腔
几乎位于面部
正中央，是空
气出入的通道。

从侧面观察

耳咽管

中耳

耳咽管咽口

鼻腔和鼻窦由细细的通道
相连，就算鼻窦里充满脓
水和鼻涕，也可以通过表
面黏膜的运动排到鼻腔内。

46

为什么鼻子不通气时尝不出味道？

▶▶ 因为人需要同时感知味觉和嗅觉。

✛ 食物的美味需要通过五感共同感知

要想品尝食物，最重要的因素在于舌头感知到的味道，但它不是唯一因素。除味觉之外，其他感官也会敏锐地感受到外界的刺激，**感受"美味"时，视觉、听觉、嗅觉、触觉同样会带来巨大的影响。如果闻不到气味，尽管我们依然能分清甜味和辣味，却很难感受到"美味"。**

举例来说，假设现在有草莓味和哈密瓜味的刨冰。如果捏住鼻子品尝两种刨冰，就只能感觉到甜味，分不清吃到嘴里的究竟是哪种味道的刨冰。糖浆的香味类型需要通过嗅觉获取的信息以及视觉带来的颜色信息来判断。

✛ 品尝味道时，嗅觉与味觉同样重要

鼻腔上方的嗅黏膜上皮中有嗅细胞。**气味接触到嗅细胞后会唤醒嗅神经，将闻到的气味信息传递给大脑伸出的嗅觉感受器嗅球。嗅球再将气味信息传递给大脑，人才能够感觉到气味。**

因为感冒等原因鼻子不通气时尝不出食物的味道，就是由于嗅觉不起作用，只剩下了味觉。

人们将食物放进口中时，鼻子会闻到气味，舌头会感知味道。**我们将二者的刺激综合起来，才尝到了食物真正的味道，所以如果鼻子不通气，或者捏住鼻子无法闻到气味，就会影响我们对味道的感受。**

产生嗅觉的原理

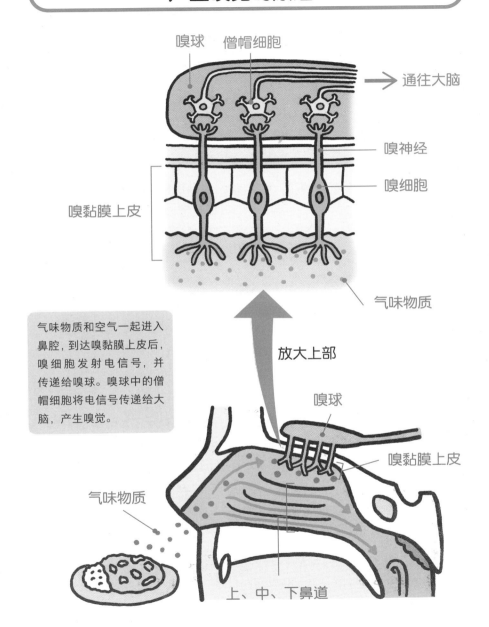

嗅球　　僧帽细胞

通往大脑

嗅神经

嗅细胞

嗅黏膜上皮

气味物质

气味物质和空气一起进入鼻腔，到达嗅黏膜上皮后，嗅细胞发射电信号，并传递给嗅球。嗅球中的僧帽细胞将电信号传递给大脑，产生嗅觉。

放大上部

嗅球

嗅黏膜上皮

气味物质

上、中、下鼻道

达尔文用完善的理论
对比了人类与动物的身体

　　除了细胞学说之外，19 世纪还有一项改变了解剖学的重大发现，那就是英国自然学家查尔斯·达尔文（1809—1882）提出的进化论（《物种起源》，1859 年）。

　　达尔文在大学期间了解到了大自然的伟大和研究的重要性，毕业后，他在 1831 年乘坐"贝格尔"号军舰前往南美旅行。他在海上航行了 4 年之久，在以加拉帕戈斯群岛（官方名称为科隆群岛）为首的世界各地观察到了多种动物后，回到了英国，继续研究动物标本。随后他产生了一个想法：地球上多种多样的生物是以远古时期的原始生命为开端，经过多种多样的进化后产生的。

　　进化论的发表动摇了基督教文化圈的常识，各种反响和批评纷至沓来，他的理论从根本上改变了当时的人对人体的认识。

　　在进化论发表之前，人们已经隐约意识到人与动物的身体似乎有一些相似之处。

　　可是进化论明明白白地将"系统发育"的结果展示在人们面前，证明身体结构和发育过程的这些相似之处是由于人类和动物拥有共同的原始祖先，经过漫长的进化成为如今多种多样的动物。

　　进化论发表以后，人们认为，人体看起来已经高度适应了现在的地球环境和人类社会。而且通过对人体结构的仔细研究，能看到人类身上存在脊椎动物、哺乳动物、灵长类动物的特征和进化的痕迹。这同样是了解人类进化的过程。

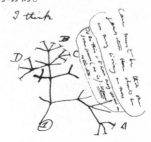

达尔文笔下的系统发育树草图

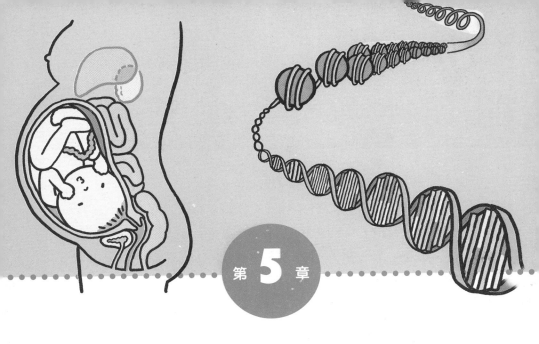

第 5 章

两性与生殖之谜

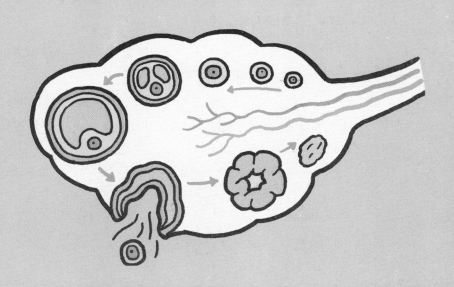

男女两性的骨盆形状真的不一样吗？

▶▶ 男性的大骨盆纵向较长，女性大骨盆横向较长。

✚ 人能够直立行走是骨盆的功劳

人体由很多块骨头组成，有些骨头的形状存在性别差异，比如骨盆。

骨盆位于人体最大的骨骼大腿骨和支撑身体的脊柱之间，起到连接上半身和下半身的作用。另外，骨盆还有保护膀胱、直肠、生殖器等器官的作用，人能够直立行走同样是因为具有发达的骨盆。

骨盆由骶骨、尾骨和左右髋骨（髂骨、坐骨、耻骨）组成，分为大骨盆和小骨盆。大骨盆是向左右伸展的部分，小骨盆是正中央凹陷的筒状部分。

✚ 女性分娩时胎儿要从小骨盆通过

男性的大骨盆纵向长度长，深度较深，质地坚硬，小骨盆狭窄。从上向下看，小骨盆的开口部分类似于心形，从前方观察，耻骨联合部下方的缝隙狭窄，夹角呈 70 度。

而女性的大骨盆在怀孕时起到支撑胎儿的作用，所以深度较浅，宽度更宽，横向长度长。小骨盆的开口部位呈圆形。

男性耻骨联合部下方的缝隙夹角只有 70 度，而女性能达到 90 ～ 110 度。因为分娩时，胎儿要通过小骨盆，所以女性的小骨盆更宽，方便胎儿通过，避免头被卡住。

男性骨盆和女性骨盆对比

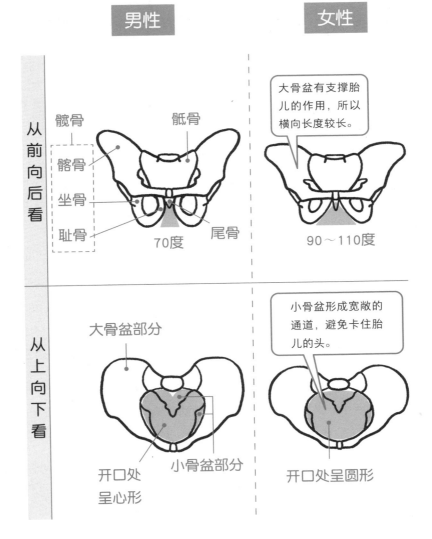

男性　　　　　　　女性

从前向后看

髋骨 — 髂骨　　　骶骨

坐骨

耻骨

70度　　　尾骨

大骨盆有支撑胎儿的作用，所以横向长度较长。

90～110度

从上向下看

大骨盆部分

小骨盆形成宽敞的通道，避免卡住胎儿的头。

开口处呈心形　　小骨盆部分

开口处呈圆形

103

48 胎儿的性别是由什么决定的？

▶▶ 没有性染色体Y的是女性，有Y的是男性。

✚ 胎儿早期同时拥有男女两类生殖器官

男性与女性的身体尽管看起来外表与功能都不相同，然而在解剖学中可以说，除了生殖器，男性与女性的身体别无二致。如果**追溯到胎儿发育的极早期阶段，他们同时拥有男性与女性的生殖器官。**

那么，胎儿的性别是如何出现的呢？

在早期胎儿的细胞中，同时拥有能制造出男性生殖器官的设计图和制造出女性生殖器官的设计图。

如果胎儿自然发育下去，会长出女性生殖器官，成为女性。可是如果基因中加入了变成男性的开关，胎儿就会变成男性。拥有开关的遗传因子就是性染色体。

✚ 有了"SRY"基因开关，就能长出睾丸

细胞核中存在由基因和蛋白质组成的染色体。人体细胞有 46 条染色体，其中 44 条是男女共有的。剩下的 2 条是决定男女性别的性染色体，**女性有两条 X 染色体，男性则有一条 X 染色体和一条 Y 染色体。**

只有男性拥有的 Y 染色体上，有个名叫"SRY"的基因开关。有了SRY，胎儿就能长出睾丸。"打开开关"长出睾丸之后，胎儿就会分泌男性激素，促进男性生殖器的发育。与此同时，身体还会分泌抑制女性生殖器发育的激素，完成男女性别的分化。

染色体和基因结构

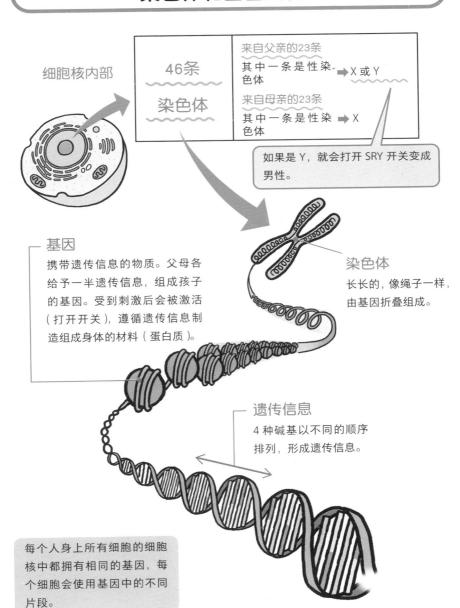

细胞核内部

| 46条染色体 | 来自父亲的23条
其中一条是性染色体 | ➡ X 或 Y |
| | 来自母亲的23条
其中一条是性染色体 | ➡ X |

如果是 Y，就会打开 SRY 开关变成男性。

基因
携带遗传信息的物质。父母各给予一半遗传信息，组成孩子的基因。受到刺激后会被激活（打开开关），遵循遗传信息制造组成身体的材料（蛋白质）。

染色体
长长的，像绳子一样，由基因折叠组成。

遗传信息
4 种碱基以不同的顺序排列，形成遗传信息。

每个人身上所有细胞的细胞核中都拥有相同的基因，每个细胞会使用基因中的不同片段。

49 男性激素和女性激素有什么区别？

▶▶ 男性激素产生睾丸，女性激素产生卵巢。

✚ 进入青春期后，性激素开始发挥作用

一般情况下，我们所说的男性激素是指睾酮，女性激素是指孕酮和雌性激素。人长大以后，它们在大脑和自主神经的作用下开始发挥效用。

进入青春期后，也就是从小学高年级到 18 岁之间，男女大脑中的下丘脑都会向下垂体发出指令，分泌 2 种性腺刺激激素（促黄体生成素和促卵泡激素）。

激素发挥作用后，男女的身体会发生不同的变化，卵巢接收到性腺刺激激素后会分泌孕酮和雌性激素，男性则会从睾丸中分泌睾酮。这些激素会对男性和女性产生特有的影响。这就是进入青春期后出现的变化，即第二性征。

✚ 男性女性都具备了生育能力

对女性来说，第二性征的出现表示已经具备了生育的功能。身体上的变化包括乳房隆起、子宫和卵巢等生殖器官发育、月经来潮、长出阴毛、骨盆发育完成、脂肪增厚、身材更加丰满等。

男性的第二性征发育后，会迎来初次遗精。并且男性会开始变声，因为雄性激素增加而长出胡子，腋毛和体毛变得浓密，肩膀变宽，肌肉更加发达结实等。

雄性激素和雌性激素的作用

下垂体
接收下丘脑的指令,
分泌各种激素。

下丘脑
大脑的一部分,有统
管自主神经的功能。

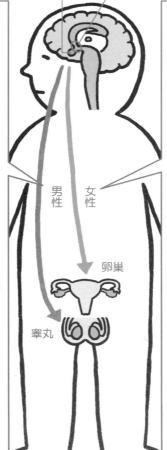

男性

下垂体分泌促黄体生成
素和促卵泡激素。

⬇

● 促黄体生成素的作用
促进睾丸分泌睾酮。睾
酮被送往全身。

● 促卵泡激素的作用
和睾酮一起刺激睾丸,
促进精子的产生。

‥‥‥‥‥‥‥‥‥‥‥‥

【对全身的影响】
* 肌肉变结实。
* 促进阴茎和阴囊的
  发育。
* 长出胡子、腋毛、阴
  毛等。
* 声音变低沉。

女性

下垂体分泌促黄体生成
素和促卵泡激素。

⬇

● 促黄体生成素的作用
促进卵巢分泌孕酮和雌
性激素。孕酮和雌性激
素共同令子宫易于受孕。
另外还能抑制性欲,维
持妊娠。

● 促卵泡激素的作用
促使卵巢分泌雌性激素。
雌性激素会被送往全身。

【对全身的影响】
* 皮下脂肪增厚。
* 乳房隆起。
* 促进子宫和阴道发育。
* 长出腋毛、阴毛。

男性　女性

卵巢

睾丸

50

为什么要制造那么多精子？

▶▶ 为了提高受精成功率，留下优秀的遗传基因。

✚ 精子在睾丸中形成

人类身体来源于父亲的精子和母亲的卵子结合形成的受精卵。诞生新生命的器官是生殖器，男性与女性的生殖器结构和功能大相径庭。

男性生殖器由阴茎、睾丸、附睾、输精管、精囊等组成。睾丸和附睾左右各有一个，位于阴囊中。**男性生殖器最大的作用是在阴囊中制造精子，用阴茎将精子送进女性的生殖器中，与等待在那里的卵子结合。**

✚ 大多数精子没等见到卵子就已死亡

精子从青春期开始形成，健康的成年男性每天几乎能制造出 1 亿颗精子。精子在睾丸中形成后被送入附睾，储存 10 ～ 20 天后成熟。成熟的精子等待射精的时机，在性兴奋时通过输精管的蠕动，被运送至输精管的膨大处——输精管壶腹。

这时，前列腺和精囊分泌液体，当性兴奋达到高潮时，分泌液与精子混合形成的精液从前列腺经过尿道射出体外。每次射精释放出的精液能达到几毫升，其中包含 1 亿～ 4 亿颗精子。

这么多精子中，最终能够完成受精的只有 1 颗。尽管如此，男性依然要制造出大量精子，这是为了选出受精成功率高的男性后代。让孩子继承容易生育的基因以延续物种，这是人类的本能。

男性生殖器的结构与功能

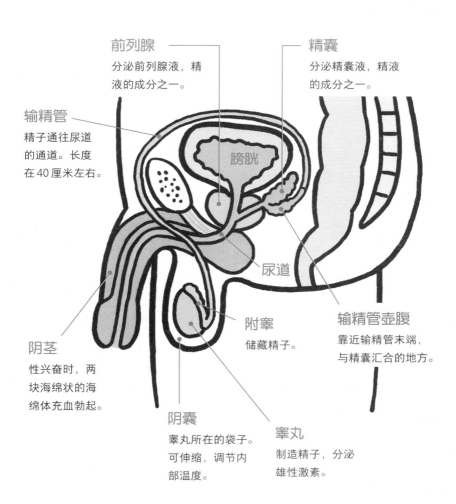

前列腺
分泌前列腺液，精液的成分之一。

精囊
分泌精囊液，精液的成分之一。

输精管
精子通往尿道的通道。长度在 40 厘米左右。

膀胱

尿道

阴茎
性兴奋时，两块海绵状的海绵体充血勃起。

附睾
储藏精子。

输精管壶腹
靠近输精管末端，与精囊汇合的地方。

阴囊
睾丸所在的袋子。可伸缩，调节内部温度。

睾丸
制造精子，分泌雄性激素。

51

制造精子的睾丸为什么长在身体外面？

▶▶ 因为精子不耐热，温度过高不利于精子的发育。

✚ 大多数哺乳动物的睾丸都在肚子外面

包含人类在内的哺乳类动物的睾丸呈卵状，外面包裹着一层厚厚的膜。猫狗等哺乳动物的雄性，睾丸呈圆形，大多数都位于体外。

可是，除了哺乳类动物之外，其他动物的睾丸都在肚子里面。

睾丸对孕育生命起着非常重要的作用，而且在受到碰撞时会产生剧烈的疼痛。既然睾丸是如此敏感脆弱的器官，那么放在肚子里不是更安全吗，为什么要长在体外呢？

如此为之是有充分的理由的。睾丸里的曲细精管温度比体温（约37℃）更低，适合精子发育，而肚子里的温度过高，不利于精子的形成。也就是说，由于睾丸需要低温环境，所以才长在了体外。

✚ 阴囊的外皮能够伸缩，调整温度

睾丸所在的阴囊，表面有皱褶状的皮肤，温度高时伸展，温度低时收缩，能通过改变表面积保持内部的温度，调整体温。阴囊由好几层膜组成，避免睾丸受到外界的冲击等伤害。

另外，精子通过射精释放到体外后，在37℃的环境中只能生存24 ~ 48 小时。相反，如果在零下100℃的环境中冷冻，能存活好几年。

110

孕育精子的睾丸

睾丸内部密密麻麻的曲
细精管，精子就从这里
制造出来。

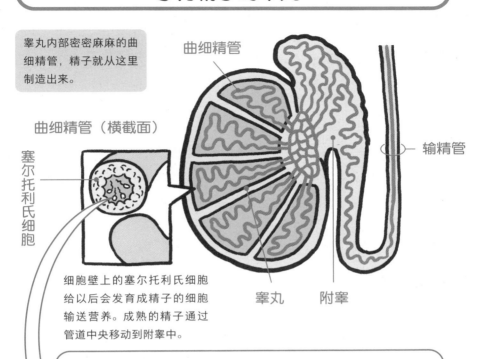

曲细精管

曲细精管（横截面）

塞尔托利氏细胞

输精管

细胞壁上的塞尔托利氏细胞
给以后会发育成精子的细胞
输送营养。成熟的精子通过
管道中央移动到附睾中。

睾丸　　附睾

精子结构

头部
内部有细胞核，表面有顶
体。细胞核中保存着遗传
信息，顶体中储存着侵入
卵子时用来破坏外壁的酶。

尾部
像鞭子一样移动的鞭毛。
精子依靠鞭毛像游泳一样
前进。

中间部分
制造能量的线粒体就
缠绕在这里。精子靠它
驱动。

52

卵子是怎样形成的?

▶▶ 原始卵泡在卵巢中发育形成。

✛ 卵子是人体中最大的细胞之一,用肉眼就可以看到

女性生殖器官除了卵巢之外,还有输卵管、子宫、阴道,它们的重要功能是制造卵子,接纳精子,产生并培育受精卵。

卵子是人体中最大的细胞之一,甚至可以用肉眼看到,直径为 0.07 ~ 0.17 毫米。**子宫两侧各有一个梅子大小的器官,即卵巢,是制造卵子的场所。**

✛ 原始卵泡从一出生就存在于卵巢中

男性一生要制造出无数颗精子,而女性一生制造的卵子数量仅有 400 颗左右。另外,精子每天都会产出,卵子则是用从出生时就有并保存在体内的东西制造出来的,让我们来看看卵子形成的过程吧。

胎儿还在母亲的肚子里时,在早期就有一部分细胞,生长到某种程度后就结束分裂,进入休眠,在名叫"卵泡"的袋子里生活,这就是原始卵泡。

新生儿的卵巢中沉睡着大约 80 万颗原始卵泡,多数会自然消失,进入青春期时,会留下 1 万颗左右。**当女性迎来青春期、获得生育能力后,每个月有 15 ~ 20 颗原始卵泡开始成熟,其中只有一颗卵泡能够长大,变成卵子排出。**

每个月,左右两个卵巢不规律交替排出一颗卵子,当女性出生时自带的原始卵泡全部用完后,就绝经了。

制造卵子的女性生殖器的结构

女性生殖器的结构

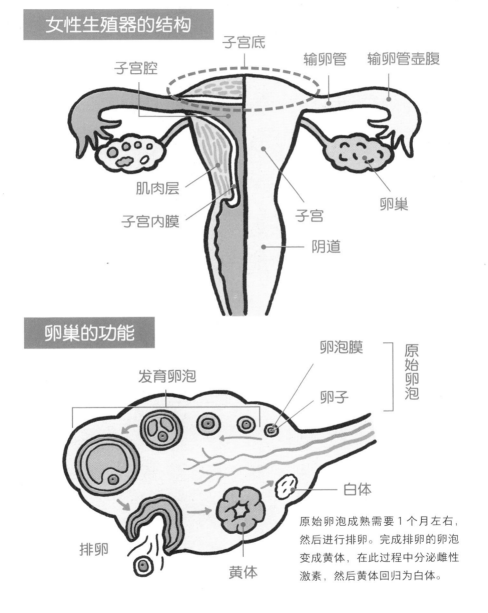

子宫腔

子宫底

输卵管

输卵管壶腹

肌肉层

子宫内膜

子宫

卵巢

阴道

卵巢的功能

发育卵泡

卵泡膜

卵子

原始卵泡

白体

排卵

黄体

原始卵泡成熟需要 1 个月左右，然后进行排卵。完成排卵的卵泡变成黄体，在此过程中分泌雌性激素，然后黄体回归为白体。

53 子宫有多大？

▶▶ 和鸡蛋大小差不多，但是可以膨胀2000倍以上。

➕ 子宫有强韧的肌肉纤维，是不会破裂的袋子

子宫位于膀胱和直肠中间，是一个洋梨形状的袋状器官。没有怀孕时，长度约 7 厘米，大小与鸡蛋差不多。女性怀孕后，子宫就变成了孕育胎儿的容器，会随着胎儿的成长不断扩大。怀孕 4 个月后，子宫在腹腔内被挤压上升，子宫底接触到腹壁。**进入怀孕末期后，子宫长度达到 36 厘米左右，重量约 1 千克，子宫腔的容积扩大了 2000 ～ 2500 倍。**

子宫是人体内弹性最大的器官之一，环状肌肉纤维缠绕在子宫长轴上，保证子宫就算增大也不会破裂，还有斜向交叉的纤维进行强化。

➕ 卵子与精子在输卵管壶腹相遇

子宫下部与阴道相连。性交时射出的精子经过阴道进入子宫，在输卵管壶腹（参考第 113 页图片）进行受精，距离阴道口大约有 20 厘米。据说长度约为 0.06 毫米的精子被射入阴道后需要大约 30 分钟才能走完这段路程。

进入输卵管壶腹的精子与从卵巢进入输卵管中、向子宫前进的卵子相遇，完成受精。受精卵在受精后立刻不断分裂，经过输卵管钻进子宫内膜并固定下来，这就是受精卵着床。怀孕后，受精卵开始伸出绒毛，子宫内形成胎盘，大约 9 个月之后，将会迎来新生命的诞生。

随着胎儿的长大不断膨胀的子宫

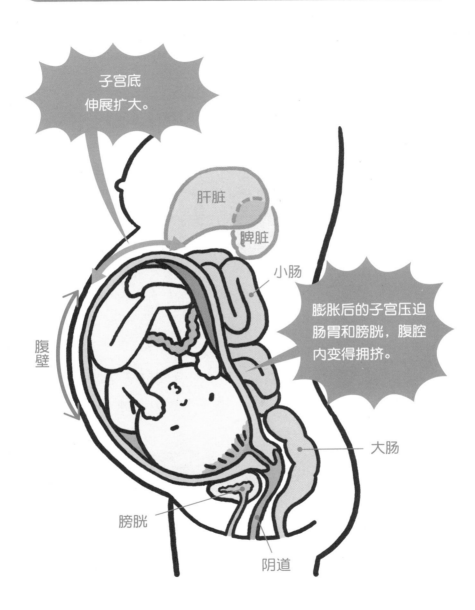

子宫底伸展扩大。

膨胀后的子宫压迫肠胃和膀胱，腹腔内变得拥挤。

肝脏

脾脏

小肠

腹壁

大肠

膀胱

阴道

成年以后，乳房还会继续发育吗？

▶▶乳房基本上只会在出现第二性征时长大。

✚ 为了保护重要器官乳腺而长出的脂肪

对女性来说，青春期出现第二性征主要是为了完善身体机能，让她们能够生儿育女。

其中一项表现就是进入青春期后，女性的胸部大胸肌上会长出脂肪组织，内部形成乳腺，发育成乳房。

乳房的 90% 是由脂肪组织组成的，其余部分为乳腺。乳腺是分泌母乳的重要器官。第二性征开始出现后，随着乳腺的发育，母乳的通道输乳管也开始发育。

乳房之所以会长出脂肪，是为了保护乳腺这个重要的器官。

✚ 乳房的大小因人而异

女性的乳房能长多大，是由遗传、雌性激素和营养状态决定的，大小因人而异。乳房隆起、第二性征开始出现的时期在 9 ～ 14 岁，时间同样因人而异。

乳房的成长期为 3 ～ 4 年。此后，除怀孕期间之外，乳房不会继续增大，如果不是在乳腺发育或者怀孕期间，只让乳房增加脂肪是相当困难的事情。

民间传说恋爱能促进雌性激素的分泌，让乳房增大，但事实并非如此。就算雌性激素分泌增加，也不会产生让乳房变大的效果。

乳房分泌母乳的结构

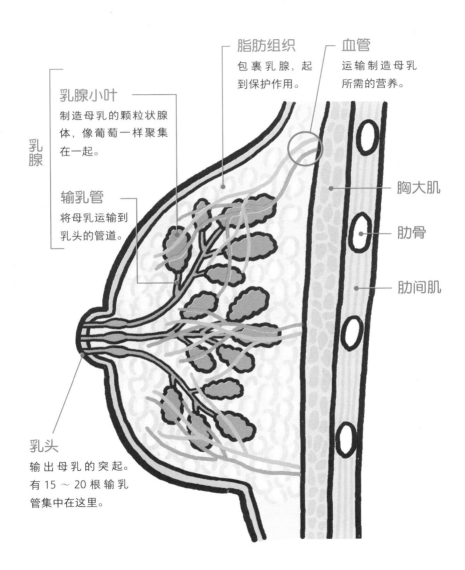

脂肪组织
包裹乳腺，起
到保护作用。

血管
运输制造母乳
所需的营养。

乳腺小叶
制造母乳的颗粒状腺
体，像葡萄一样聚集
在一起。

乳腺

输乳管
将母乳运输到
乳头的管道。

胸大肌

肋骨

肋间肌

乳头
输出母乳的突起。
有 15 ～ 20 根输乳
管集中在这里。

55 母乳是如何分泌的？

▶▶ 大脑分泌的激素刺激乳腺。

✚ 有弹性的乳腺是母乳工厂

女性的乳房是重要的器官，负责给婴儿喂奶。握住乳房时感觉到有弹性的部分就是乳腺，每侧乳房中有 15 ～ 20 个乳腺，母乳就是从这里生产出来的。

怀孕后，大脑会下达命令，分泌大量泌乳素、雌性激素和孕酮。

其中，泌乳素会促进乳腺分泌母乳，雌性激素和胎盘分泌的孕酮能抑制母乳流出，所以在此阶段女性的乳房会增大，不过并不会流出母乳。

生完孩子后胎盘排出体外，不再分泌起抑制作用的孕酮，身体分泌出大量促进母乳排出的催产素。与此同时，大脑分泌的泌乳素促进乳汁分泌，乳腺受到刺激后开始分泌母乳。

✚ 乳房的大小和母乳量无关

要想顺利分泌母乳，也需要婴儿出一份力，婴儿吮吸乳头产生的刺激会增加泌乳素和催产素，让母乳更顺畅地分泌。等婴儿断奶后，由于吮吸乳头的刺激消失，母乳会自然而然地消失。

虽然乳房较大的女性似乎能分泌更多母乳，然而实际上用于喂奶的乳腺仅占乳房的一成，剩余九成都是脂肪。因为分泌母乳的器官是乳腺，所以就算乳房很大，也只是因为脂肪比例高，与母乳量无关。

母乳分泌和流出的原理

分泌母乳	婴儿吮吸乳头。	➡	吮吸刺激大脑大量分泌泌乳素。	➡	泌乳素刺激乳腺，制造母乳。

催产素

大脑

泌乳素

乳腺

吮吸乳头

母乳流出	婴儿吮吸乳头。	➡	吮吸刺激大脑大量分泌催产素。	➡	催产素刺激乳腺，让母乳从乳头流出。

经过西方医生对解剖进行指导，
日本人掌握了科学的现代医术

　　杉田玄白等人翻译发表的《解体新书》（1774），可以看作日本现代医学的起点。从那以后，大量西方医学书籍被翻译成日语，但是在闭关锁国的江户时代，第一位直接向日本人传授西方医学的是德国医生西博尔德。

　　进入幕末时期，日本解除锁国后，为了引进西方先进医学，长崎开设海军传习所，荷兰医生庞贝·冯·梅尔德沃特（1829—1908）负责教学。

　　1859 年，庞贝第一次在长崎进行人体解剖。46 名实习医生在旁见习，他们对初次亲眼见到的人体结构感到惊讶，对课程内容感到满意。

　　跟随庞贝学习的医生中，除了顺天堂医院的创始人之外，还有后来的东京大学医学部部长、日本红十字医院的第一任院长等，他们后来都成为明治时期医学界的领导者。

　　无论是东方世界还是西方世界，自古以来人体解剖都会使用处刑后的犯人尸体，在江户时代的日本，解剖同样是刑罚的一环。处刑后的犯人原本会被弃尸荒野，不过庞贝的学生向他们保证会诚心吊唁，这样死刑犯人才会毫无怨言地被处刑。

《解体新书》中描绘的人体头盖骨。

　　由此人体解剖的意义发生了变化，从原本的惩罚形式变成了对医学发展的贡献。在这股潮流下，明治政府为正式引入西方医学，设立了东京医科学校（后来的东京大学医学部）。

追求解开人体之谜的结果，
让基因研究踏上新的台阶

　　人类的父母生出人类的孩子，猫的父母生出小猫，这是因为来自父母的基因中包含制造出整个身体的设计图。不仅如此，就算同样是人类，每个人的基因都有些微不同，每个个体都有属于自己独一无二的特征。

　　解剖学追求的解开人体之谜的钥匙，全都包含在基因中。

　　1865 年，奥地利生物学家格雷戈尔·孟德尔发表豌豆杂交实验成果，提出遗传定律，预测了基因（遗传因子）的存在。

　　进入 20 世纪初，遗传学家萨顿和鲍维里开始具体考察基因和染色体的关系。

　　到了 1953 年，美国人詹姆斯·沃森（1928— ）和英国人弗朗西斯·克里克（1916—2004）发现，遗传信息保存在细长分子（DNA）上，呈现双螺旋结构。另外，四种碱基的排列组合决定了生物体的各种特征。这项发现证明，以前作为精神和哲学概念的"自我"和"身份认同"是被基因支配的。

　　现代解剖学起源于维萨里的科学观察，进入 20 世纪后，在电子显微镜（1931 年发明，能够放大的倍数远高于以往的显微镜）的帮助下，开拓出基因研究的道路。

　　今后，解剖学这门学科会继续发展，为人类的健康、寿命和幸福带来更深远的影响。